Design

网络媒体设计

郭晓阳　刘立伟　著

中国水利水电出版社
www.waterpub.com.cn

内 容 提 要

本书梳理出从静态网页到 Flash 架构网页，从 HTML 代码、CSS 代码到脚本编程的循序渐进的学习思路，让每一个对网络媒体设计感兴趣的读者都可以快速理解并掌握网络媒体设计的基础知识点和基本设计技巧，结合精选实例不断练习，很快就能独立设计网络媒体作品，同时也为将来更精深的学习打下坚实基础。全书共分概述、静态网页设计（Table+CSS、DIV+CSS、JavaScript 基础、网页平面设计强化）、Flash 网页设计（软件使用基础、动画实战、网站设计基础）、网络媒体设计周边等三部分内容。

本书适合网络媒体设计人员参考借鉴，也适合相关专业院校师生作为教材使用。

图书在版编目（CIP）数据

网络媒体设计 / 郭晓阳，刘立伟著. -- 北京 : 中国水利水电出版社，2012.3
ISBN 978-7-5084-9530-9

Ⅰ. ①网… Ⅱ. ①郭… ②刘… Ⅲ. ①网页制作工具－程序设计 Ⅳ. ①TP393.092

中国版本图书馆CIP数据核字(2012)第040504号

书　　名	**网络媒体设计**
作　　者	郭晓阳　刘立伟　著
出版发行	中国水利水电出版社 （北京市海淀区玉渊潭南路 1 号 D 座　100038） 网址：www.waterpub.com.cn E-mail：sales@waterpub.com.cn 电话：（010）68367658（发行部）
经　　售	北京科水图书销售中心（零售） 电话：（010）88383994、63202643、68545874 全国各地新华书店和相关出版物销售网点
排　　版	北京时代澄宇科技有限公司
印　　刷	北京嘉恒彩色印刷有限责任公司
规　　格	210mm×285mm　16 开本　11.75 印张　278 千字
版　　次	2012 年 3 月第 1 版　2012 年 3 月第 1 次印刷
印　　数	0001—3000 册
定　　价	**39.00** 元

序

这是一个飞速发展的网络媒体时代。

传统的门户网站为了吸引访问人群不遗余力，将内容与形式做到了极致；与此同时，越来越多的人不甘只做看客，借 Web2.0 的东风，写博客、写微博、加关注、转载好看好玩的帖子、视频，@ 一切想 @ 的名字……在网络媒体的地盘，人们觉得自己真正参与进来，做到了“我的地盘我做主”。

于是，一个挑战摆在了大家面前。在充分地用好网络媒体之余，我们是否应该掌握一些基础的网络媒体设计技能，答案应该是肯定的。随着时间的推移，网络媒体设计相关软件将会和我们熟悉的 Word、PowerPoint、Photoshop 一样，逐渐走入更多的办公桌面和家庭电脑，成为主流软件与技术，为更多人的学习、办公和生活带来方便。

那么，如何快速学好网络媒体设计呢？

本书作者通过自身设计与教学经验，梳理出从静态网页到 Flash 架构网页，从 HTML 代码、CSS 代码到脚本编程的循序渐进的学习思路，让每一个对网络媒体设计感兴趣的读者都可以快速理解并掌握网络媒体设计的基础知识点和基本设计技巧，结合精选实例不断练习，很快就能独立设计网络媒体作品，同时也为将来更精深的学习打下坚实基础。

总的来说，只要你每天都在和网络媒体打交道，那就应该尝试着自己走进网络媒体设计的领域。只有走进来，才知道这一行是否适合你，才有可能找到自己的兴趣所在，甚至成就最适合自己的职业选择。

由于作者的教学背景，本书的编写过程中章节的安排借鉴了教学的延续性与艺术设计教育相关性，在实践中渗透相关知识点，而不是将相关知识点归类集中讲述，做到与单纯的软件学习书籍互为补充。因此，本书也可以作为大专院校艺术设计等相关专业的基础课程学习之用。

书中部分概念选编自相关书籍和网站内容，在此一并向相关作者表示谢意。

因为作者水平有限，书中的错误与纰漏，希望各位专家和广大读者提出宝贵意见，以求本书的不断完善。

作　者

2011 年 11 月

目录

序

第 2 部分 Flash 网页设计

第3部分 网络媒体设计周边

概　述

0.1　简说网络媒体设计

0.1.1　关于网络媒体设计

如今是网络媒体时代，使用互联网对很多人而言已经不是问题。如上网浏览新闻、写邮件、上 BBS、聊 QQ、网上购物、网络游戏，再到写博客、联系友人（人人网、Facebook）、写微博（新浪微博、139 说客、Twitter），互联网的飞速发展让使用者应接不暇。

在使用互联网的基础上，如果要可以进一步深入到“设计互联网”的层面，将会给人们的学习和工作带来更多方便，也会带来更多机会。在具体的实例练习之前，通过一些概念和介绍先来熟悉网络媒体设计。

本书的名称为《网络媒体设计》，现就相关概念和基本内容在本节给出解释。

网络媒体设计就是基于互联网的设计类别，最为熟悉的就是网页设计（或网站设计，在这一层面我们不做区别）。无论读者是相关专业的在校学生还是立志于在互联网或设计公司进行网页设计的潜在求职者，这本书都会在起步的阶段发挥作用。但显然，网页设计只是一种形式，可以利用本书中提到的软件和技术在更广泛的领域进行实践，比如电子杂志设计、Flash 动画设计、演示文件设计等。以上提到的设计类别都具备了和网页设计相似的软件与技术，同时也很容易与互联网进行融合并传播。在这种情况下，提出了网络媒体设计的概念，打破网页设计对人设计思维的束缚，将实践上升到基于媒体设计的高度，望能开阔读者思路。

0.1.2　关于初步

书店中关于网页设计以及设计软件的设计林林总总、部头很大、价格不菲。在这种情况下，作为设计师和高校教师的编者在编写这本书的时候，紧紧把握一个中心：那就是结合自身的体会与理解，将大多为帮助文件性质的内容进行提炼、整合，将本来只是泛泛的条目性知识点融入到由浅入深的讲解过程之中，同时也注意相关设计理论和实践的配合，让读者可以快速上手。

由于本书的编写思路为循序渐进的学习过程，那么首先要解决的问题就是设计的“初步”，也就是基础性知识。网络媒体设计的初步主要体现在 HTML 静态网页和 Flash 架构网页两个方面，其中，前者又可以为后者积累编码和版式设计经验，两个板块也具备了学习的流程性。在静态网页模块中，我们从 Adobe Dreamweaver（后简称 Dreamweaver）软件入手，以设计视图的“所见即所得”的平台开始设计学习，这是最为基础的部分。随着学习的深入，逐渐接触基本的 HTML 代码、CSS 编写规则和简单的 JavaScript 脚本编程。经过这一阶段的学习，可以独立完成相关静态网页的设计，同时也可以与编程人员进行配合，完成基于服务器编程的其他网站设计。有了静态网页的学习基础，可以进入到Flash架构网页的学习中。为了体现循序渐进的思路，编者推荐可以从Flash动画设计入手，这样可以很快熟悉软件相关工具和特性。另外，大部分Flash广告设计实质上也是比较短小的Flash动画，而这已经是很典型的网络媒体设计形式了。最后，结合ActionScript的学习，就可以独立完成交互式的Flash架构网站设计。

总之，“初步”是基础性的描述，从零开始学习，循序渐进，但仍然具备了独立设计的能力。最重要的是，在这个过程中巩固下来的学习方法和学习架构可以提高将来任何一个知识点的深度学习的效率。

图0.1为网络媒体设计的知识点结构。

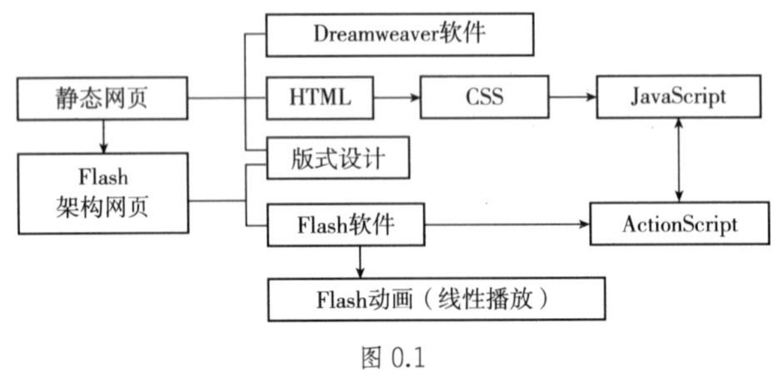

图 0.1

0.1.3 暂时不能做的事情

在学习的初期，做到“有所为、有所不为”，可以迅速掌握相关基础性知识，少走弯路。

编者对于网络媒体设计的基础性学习推荐以“本地内容设计”为主。这里的“本地”相对于“服务器端”而言，也就是我们每个人自身的电脑。本地内容设计，就是在本地独立完成全部的网页页面和Flash文件（如swf文件）设计，然后上传到服务器端进行内容发布。服务器只是作为存储内容的设备，不会进行数据库操作等辅助处理。由此，我们在学习的初期将不会涉及“用户注册”、“评论发帖”等交互性内容。当然，借助于第三方的代码，也可以实现一些简单的交互，比如“访问量统计”，甚至也可以实现小型的发帖模块，但内容将会存储到第三方的服务器中，本地已经不可控。应该说，“本地内容设计”也是对书名中“初步”两个字的一种结构性解释。

讲到这里，本书更像是一块“试金石”。经过全书的学习，如果读者可以体会到乐趣，找到自己的发展方向，那么通过继续学习就可以掌握“服务器编程”、“数据库操作”等更多内容，拓宽自己的网络媒体设计技能，取得更大的成绩。

0.2 常用软件简介

0.2.1 Adobe Dreamweaver

网络媒体设计学习包含了两个方面：IT（软件、技术）和设计技能。其中，IT技能是技术性基础。为了打好这个基础，本小节主要介绍一种常用软件。

Dreamweaver软件是早期人们熟知的“网页设计三剑客”之一。2005年4月，随着 Dreamweaver 出品公司 Macromedia 被 Adobe 公司并购，该软件版本也升级至 CS3.0。目前 Dreamweaver 的版本为 CS5.5。应该说，对于软件设计基础层面的学习，版本的影响并不大，大家可以按照自己的实际情况选择。

图 0.2 为 Dreamweaver CS5.5 中文版的欢迎界面。

Dreamweaver 软件用来制作以 HTML 为基础的网页，也包括了功能强大的程序编写模块。对于初学者而言，主要针对欢迎界面中的 HTML 和 CSS 内容学习。比如，建立 HTML 静态网页可以点击欢迎页面中的“新建 >HTML”来完成。点击“新建 >HTML”，或者打开某一正在设计的网页之后，就进入到主编辑页面。

图 0.3 为 Dreamweaver CS5.5 中文版主编辑页面。字母标示的为初学常用的模块，分别为：A– 菜单；B– 工具栏；C– 多页面标签；D– 视图选择（代码、拆分和设计）；E– 代码视图；F– 设计视图；G– 属性（针对于文字、表格和背景）；H– 属性（针对于图片）；I–CSS 面板；J– 文件面板，用来上传和在线编辑网页。此外，在顶端的设计器下拉菜单中还可以针对应用目的或使用习惯进行界面类型选择。

因为软件版本的不同，部分界面元素会有所区别，但基本结构是相同的。编者通过自身的设计实践，将常用的菜单命令、面板等进行梳理，得出这样的结论：面向设计，在设计的初期不必了解所有的软件内容，只需掌握有限的部分，然后要将注意力集中在工作区中，利用设计和代码两个界面就可以完成比较精细、复杂的静态网页设计。

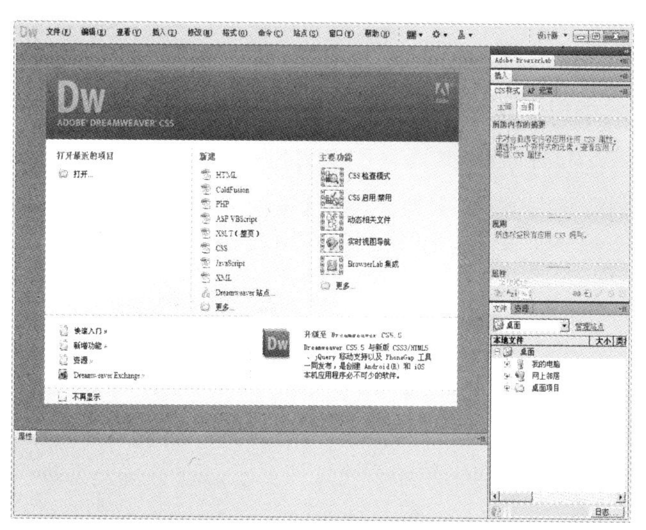

图 0.2

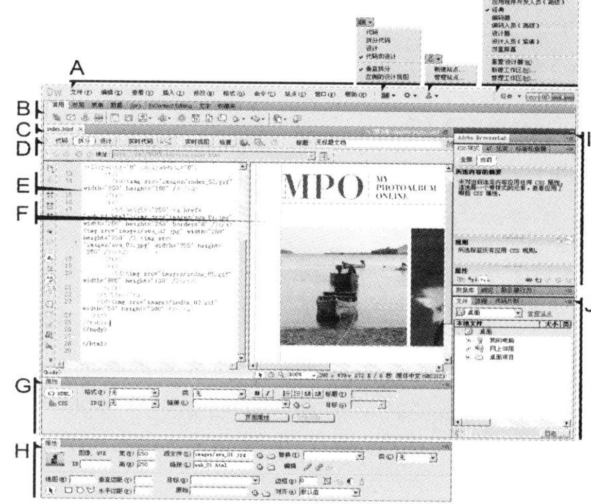

图 0.3

以 Dreamweaver CS5.5 中文版为例，总结常用菜单、工具如下。

1. 菜单

菜单和其他设计软件一样，Dreamweaver 软件也有自己丰富的菜单。其中，具有快捷键的命令都会在菜单中标示出来。对于 8.0 版本，笔者常用的有：

（1）文件：新建（Ctrl+N）、打开（Ctrl+O）、全部关闭（Ctrl+Shift+W）、在浏览器中预览（F12）。

（2）编辑：复制（Ctrl+C）、粘贴（Ctrl+V）、查找和替换（Ctrl+F）、首选参数（Ctrl+U），其中查找和替换命令在批量修改相似网页内容时非常有用。

（3）插入：图像（Ctrl+Alt+I）、媒体 >Flash（Ctrl+Alt+F）、表格（Ctrl+Alt+T）、

HTML> 水平线等。

（4）修改：页面属性。

（5）站点：新建站点、管理站点（如果使用第三方的网站上传软件可以忽略此命令）。

（6）窗口：工作区布局（建议选择设计器以方便网页视觉设计）。

（7）帮助：Dreamweaver 帮助。相对于本书略带口语化的编写方式，帮助文件的严谨性可以给你带来更完备、更有体系的信息。

2. 工具栏

Dreamweaver 工具栏一般分为常用、布局、表单、文本、HTML、应用程序、Flash 元素等。和菜单一样，这些工具栏中的大部分工具和命令都是很有用的，但是因为我们可以使用软件的其他元素、命令或者设计方法，当然还包括代码的编写与修改，因此从笔者的使用角度，只是侧重于常用工具栏中的某些选项，比如表格和图像工具。

3. 设计区（也称为工作区、工作面板、画布）

工作区是 Dreamweaver 软件的主体，上方是网页文件名称标签，可以同时打开多个网页进行编辑。

标签的下方包含以下内容。

（1）视图形式：包括了三种视图形式：设计视图、代码视图、拆分视图（显示代码视图和设计视图）。代码视图主要以 HTML 代码形式来显示网页的信息；设计视图，也就是常说的“所见即所得（WYSIWYG-What You See Is What You Get）”视图，可以用类似于使用 Word 的方法来直观的组织图片和文字。

（2）标题：也就使我们浏览网页的时候在 IE 窗口左上方的蓝色标签条中所看到的内容。也可以利用 HTML 代码中的“<title> 标题 </title>”标签来修改。

4. 属性面板

提到面板，我们知道这是每个设计软件必备的组件形式，不同的面板为不同的工具、内容组织与设计方法提供相应的选项。

第一次使用 Dreamweaver 的属性面板，可以仿照使用 Word 相关文字或图片格式的方法，比如文字的排版。随着学习的深入，将使用 CSS（级联样式单）来控制文字的样式。由于网页本身使用的文字字体和字号只有有限的几种，所以也不会经常进行文字的格式调整了。属性面板中的“样式（CSS）”部分将在以后章节中讨论。

链接文字框和相关按钮用来制作网页链接，链接下方的目标下拉菜单，其中常用的有：“_blank”，在新的浏览器窗口中弹出网页；“_self”，在当前浏览器中改变网页的显示。

5.CSS 面板

由于 CSS 采用代码编写的形式，因此本面板重点掌握 CSS 文件的链接方法，也就是“附加样式表”按钮。

6. 文件面板

这个面板侧重于网页文件的组织和上传等。如果我们应用专门的文件上传工具，比如 CuteFTP 等，则不必应用这个面板中的功能。关于文件面板中的管理站点等方法在以后相关的章节中讲述。

0.2.2 Adobe Flash

数码艺术设计发展到今天，Flash 技术已经非常流行。Adobe Flash（后简称 Flash）软件可以让我们在动画制作和网站设计等方面如虎添翼，达到新的高度；与此同时，Flash 也可以看作是一种矢量图形设计软件。

追溯历史，Flash 是美国 Macromedia 公司于 1996 年出品的一种二维动画软件，包括 Flash 软件和播放 Flash 文件的 Flash Player。2005 年，Macromedia 被 Adobe 公司收购，目前的最新版本为：Flash CS5.5（2011）。

Flash 软件的设计方法主要有矢量图形设计（单帧与多帧）和脚本开发两个方面。从网络媒体设计学习的角度看，Flash 脚本编程已经不可避免；即便是简单动画制作，也会遇到一些必要的程序控制。

Flash 拥有与 Adobe 公司其他设计软件风格相似的菜单、工具、面板和工作区等，使用习惯也一脉相承，只是所有配置重点面向矢量动画这一核心。Flash CS5.5 提供了几种界面方案以供选择。选择“传统”一项，可以发现与先前版本相似的布局。需要注意的是，属性面板因为结构上的调整已经不适合放置在窗口底部，而是在右侧显示。

图 0.4 为 Flash CS5.5 中文版的欢迎界面。

Flash 软件可以针对 AIR、Flash Lite、Flash JavaScript、项目、类、接口等多种内容进行开发。我们在学习的初期，主要针对“新建 >ActionScript2.0”这一部分进行 Flash 动画和网页的相关设计。点击“新建 >ActionScript2.0”，或者打开某一正在设计中的 Flash 文件之后，就进入到主编辑页面。

图 0.5 为 Adobe Flash CS5.5 中文版主编辑页面。字母标示的为初学常用的模块，分别为：A– 菜单；B– 时间轴和图层；C– 工具栏；D– 文件标签；E– 工作区；F– 属性面板；G– 库面板。此外，在顶端的选择下拉菜单中还可以针对应用目的或使用习惯进行界面类型选择。

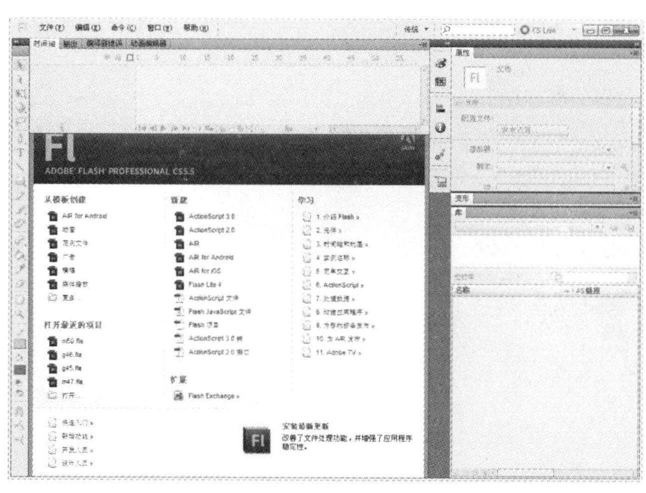

图 0.4

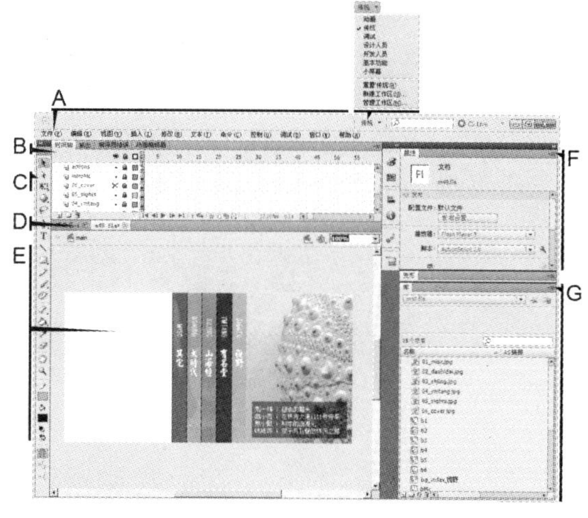

图 0.5

Flash 的源文件格式为 .fla，类似于 Photoshop 软件的 .psd 源文件。Fla 文件有两类主要的输出文件，分别为 swf 文件和 flv 文件。Swf 文件是传统的 Flash 应用文件，网络广告、网站导航菜单甚至整个 Flash 架构网站都是以 swf 文件作为结构基础。随着网络传播速度的提高，视频越来越成为网络媒体的主要内容，flv 文件应运而生。经过

Flash 软件的编码转换，平常几十 M 的视频可以缩小到几百 K，大大提高了网络视频的传播速度，传统的 mov、wmv 和 asf 等文件类型逐渐为其让位。

弄清楚 Flash 软件的文件格式，就可以明白一件事情：如果在网络上看到一段中意的 Flash 片段，那只是 swf 文件或者 flv 文件，是编码整合之后的文件类型，并不是 fla 源文件，因此也无法从设计的角度查看它到底是如何设计和编程的。想要对照实例学习，还是要去找到 fla 源文件才行。

另外，使用不同版本的 Flash，还要注意文件的兼容性问题。一般来说，高版本软件可以打开低版本文件格式，反之则不可以。因此，如果使用的软件版本较高，要注意存储向下兼容的低版本。比如，Flash CS5.5 可以存储 CS4 版本文件，如果要更低，则需要不同版本的软件分别向下存储。

0.2.3 Adobe Photoshop 及其他

Adobe Photoshop 的本质工作是图像处理，但随着不断地发展，它似乎无所不能，功能强大。网络媒体设计初学者可将它作为版式设计和图像处理辅助软件，在学习的过程中不断接触和深化数码设计的相关知识点，为网络媒体设计服务。

图 0.6 为 Adobe Photoshop CS5.5 中文版主编辑页面。字母标示的为初学常用的模块，分别为：A- 菜单；B- 针对每种工具的选项面板；C- 文件标签；D- 工具栏；E- 工作区（画布）；F- 图层面板。此外，在顶端的各下拉菜单中还可以选择显示辅助项目、调整画布比例、选择显示方式以及自定义界面等。

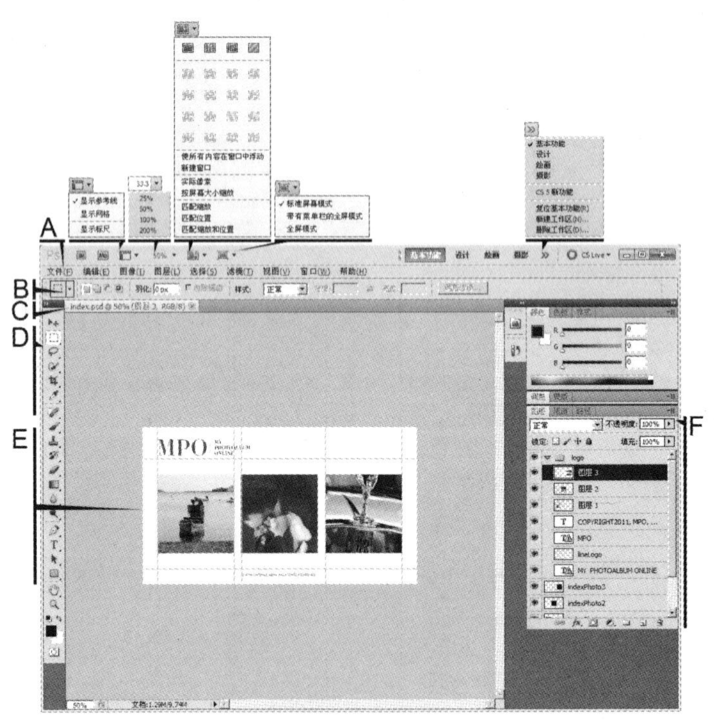

图 0.6

除了设计工具之外，Windows 操作系统自带的记事本工具也很常用。记事本所生成的 txt 纯文本格式可以将原有文字的颜色、段落、字体等属性简化，就像“过滤器”的作用，可以避免造成网页文字版式的混乱，是使用文字素材的好帮手。

网络媒体设计常常用到音频、视频编辑。

使用专业化的音频编辑工具处理音频，早期比较流行的软件是 CoolEdit，后来被 Adobe 公司收购，更名为 Adobe Audition。可以将各种格式的音频通过 Audition 或其他第三方软件转化、重组并另存为 wav、MP3 等通用的格式，为网络媒体准备素材。如果可以自己利用 MIDI 接口或录音棚等手段原创音效或音乐，那将是非常了不起的事情。

图 0.7 为 Adobe Audition 的界面体现了音频编辑的专业化。音轨编辑体现了多音轨、音量分离、音线切割组合等多种常用的方式，除此之外还有若干专业性的音乐编辑工具选项。

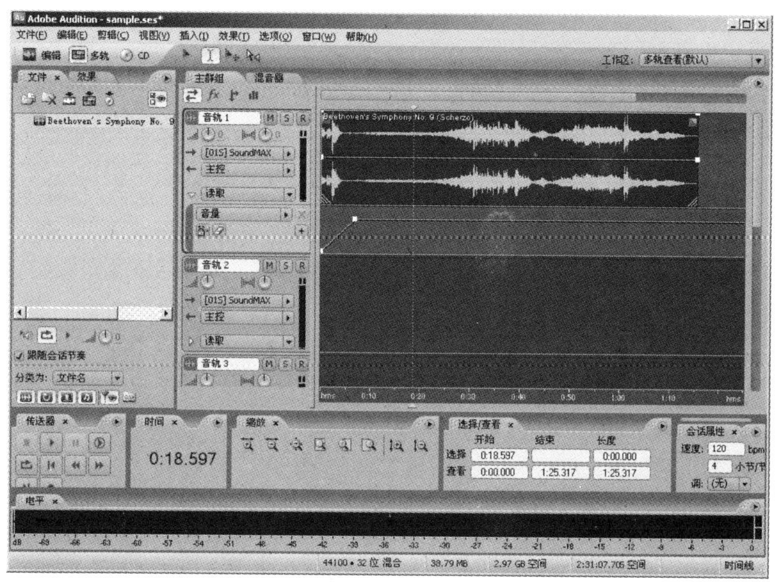

图 0.7

视频编辑软件可以选择同样是 Adobe 公司出品的 Premiere；格式转化软件种类就更多，比如格式工厂等；有时还需要诸如 CoffeeCup Color Schemer 等软件来帮助确定适宜的网页配色。

以上按照编者的选择对于网络媒体设计初步所涉及的软件进行简单的介绍。软件的购买和安装等内容因篇幅关系不做讲解。软件的介绍过程掺杂着笔者的使用习惯，所以这里也建议初学者在学习的时候不要拘泥于本书，要善于自学以形成适合自己的软件使用体系。

设计软件具有典型的 IT 属性，软件公司一般都是新兴的公司，软件公司的领袖都是 IT 时代的拓荒者，大都具备浓郁的英雄主义色彩。全方位的审视设计公司与设计软件，也有助于我们更好的使用它们，并收获很多操作层面之上的对设计行业的理解。有人把 IT 业界比喻为当年美国西部富含宝藏的广袤土地，这是一个需要英雄，也会成就英雄的时代。从 IT 这个新兴行业能够学到很多事情：做事的严谨、随和的生活态度、对新事物的孜孜不倦的追求……这些对大家的学习和生活也都是有益的。

0.2.4 了解 Adobe 公司

图 0.8 为 Adobe 公司的创始人 Charles Geschke（左）和 John Warnock 以及 Adobe 总部大楼。（根据网络图片编辑）

图 0.8

可以看到，和网络媒体设计相关的软件大多都是 Adobe 出品。Adobe 公司作为知名的桌面出版和数码设计软件公司，其推出的产品与技术设计对于大众而言不再遥不可及，甚至时下普通的个人电脑都可以成为一个桌面出版中心。

图 0.9 为 Adobe.com 网站首页截图（截图时间：2011 年 11 月 23 日）。

访问 Adobe 官方网站（www.adobe.com）可以一步到位的了解这个设计软件大家族的产品列表、公司简介等信息，除此之外还有大量的设计工作室、设计个人和设计作品的展示。

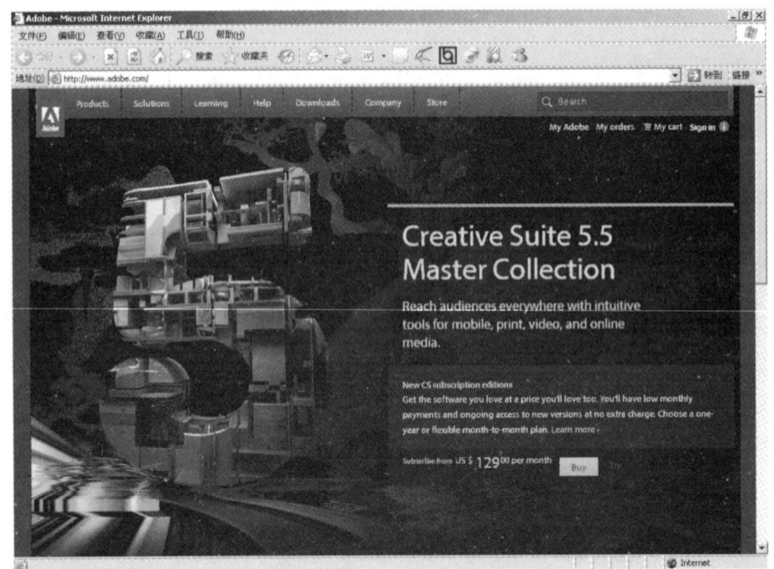

图 0.9

0.3 基本技术简介

0.3.1 HTML

HTML 的全称为“HyperText Markup Language”，也就是“超文本标记语言”。确切地说，HTML 代码还不属于程序编写范畴，但和程序编写有着密切的关系。HTML 代码体现在 Dreamweaver 软件的“代码”视图中，与“设计”视图相对应。也可以这么理解，“设计”视图让我们“知其然”，而 HTML 代码让我们“知其所以然”。在静态页面中看到的每一个元素都对应着一组 HTML 代码，这也是 HTML 代码解释性的体现。

代码编写对于初学者而言，适合使用循序渐进而且比较具象的学习方法，慢慢向程序设计靠拢。实际上，本书总结的常用 HTML 代码数量并不多，可以此做基础进行延伸。在用到的时候进行学习往往记忆深刻，因此，编者不建议去背书，还是要多进行设计项目实践。

HTML 代码作为基础性知识可以培养学习者严谨的设计作风，这一点尤为重要。有时候，字母的大小写都需要区别对待，如果混淆也会造成错误，更不用说代码字符拼写错误等问题了。特别是对于设计专业的学生而言，代码编写也是设计素养养成的一个重要组成部分，是对自身抽象思维的有益训练。

除了使用类似 Dreamweaver 这样的软件进行代码编写，在网页浏览过程中，以 IE 浏览器为例，点击菜单命令“查看 > 源文件”，也可以在打开的记事本文档中快速地浏览 HTML 代码。

0.3.2 CSS

CSS 是层级样式单（Cascading Style Sheet，后统称 CSS）的缩写，是控制网页基本元素属性的代码集合。可以在网页中内置样式单，也可以新建 CSS 文件，以便控制多个网页。

应该说，CSS 负责使网页样式的实现更为系统化、更为方便。在 Dreamweaver 的设计视图中进行的相关样式操作都会在代码视图中自动生成 CSS 代码。应该说，CSS 已经成为网页设计的“标配”组件，是必须熟悉和学习的部分，其部分特点和 HTML 代码相似，并有关联性。

CSS 是一系列格式设置规则，是实现网页内容与样式分离的重要组成部分。一般来说，页面内容（即 HTML 代码）驻留在 HTML 文件自身中，而用于定义代码表现形式的 CSS 规则驻留在另一个文件（外部样式表）或 HTML 文档的另一部分（通常为文件头部分）中。使用 CSS 可以非常灵活并更好地控制具体的页面外观，从精确的布局定位到特定的字体和样式。

CSS 允许您控制 HTML 无法独自控制的许多属性。例如，可以为选定的文本指定不同的字体大小和单位（像素、磅值等）。通过使用 CSS 以像素为单位设置字体大小，还可以确保在多个浏览器中以更一致的方式处理页面布局和外观。除设置文本格式外，还可以使用 CSS 控制 Web 页面中各模块元素的格式和定位。

在利用浏览器“文件 > 另存为”的命令在本地存储某一网页的时候，和本网页相关的 CSS 文件（文件扩展名为 .css）就会一并下载到相关的目录下，可以方便借鉴与学习。

0.3.3 JavaScript

在 HTML 和 CSS 的基础上，可以进一步了解和学习 JavaScript。

JavaScript 作为一种脚本编程语言，可以改变 HTML 的“静态”形式，使网页增加互动性。比如将鼠标放置在一张图片上，瞬间这张图片被另外的图片代替，实现一种响应的效果。有了 Javacript，网页上的文字和图片才可以运动起来，并听从鼠标的指挥。此外，JavaScript还能及时响应用户的操作，对提交表单做即时的检查，无需浪费时间交由服务器端以至于反复传递浪费时间，把工作限定在客户端，也就是借助本地电脑的操作系统环境和浏览器解释机制将一些工作独立完成。

应该说，JavaScript已经是比较正式的编程语言了。学习JavaScript也就标志着我们在本地内容的限定下，尝试利用脚本程序实现网页的更多交互效果。编程是实现交互的有效途径，而交互又是网络媒体设计的典型特征。编程能力的培养将会进一步开拓读者的网络媒体设计空间，为完成更多设计项目创造条件。

以JavaScript为基础，一方面有助于进一步学习服务器端编程（ASP、JSP、PHP等），另一方面也为本书所涵盖的ActionScript学习积累经验，因为两者在语法上有着很大的相似性。

0.3.4 ActionScript

如果说JavaScript依附于静态网页而实现功能，ActionScript则离不开诸如Flash软件的开发环境。ActionScript的最新版本已经是3.0，但对于初学者而言，ActionScript2.0语法简单、实例丰富，入门更快。

ActionScript脚本充分体现了面向对象的特征。比如，很多命令基于按钮对象而设定，而其他一些则针对声音、图像等。

由于Flash本身就有“动作”面板作为ActionScript的开发环境，这就让Flash结构网站设计的学习变得方便、紧凑。不必安装更多的插件或者配置更多的环境，将注意力集中在软件和脚本学习本身。与此对应，最终的设计文件也很方便地整合在一个或多个swf文件中，相对于静态网页松散的网页和图片文件，这种设计与开发方式更易管理。

0.3.5 音频技术及其他

编程之外，还需要了解并使用一定的多媒体技术以便丰富网络媒体内容，比如数字音频。

数字音频由模拟声音经抽样、量化和编码后得到，成就了互联网媒体的声音世界。不同的数字音频设备一般都对应着不同的音频文件格式。常见的数字音频格式有以下几种类型。

（1）WAV格式（波形声音文件）：微软公司开发的老牌音频格式，在Windows平台及其应用程序中被广泛支持。

（2）MIDI（Musical Instrument Digital Interface，乐器数字接口）：数字音乐与电子合成乐器的统一国际标准，可以模拟多种乐器的声音，比如许多电脑游戏的背景音乐等。对于中国的乐迷，甚至可以联想到“迷笛”音乐界一类的事物，很多新锐乐手都在玩。

（3）MP3（MPEG-1 Audio Layer 3）：高音质、低采样率的数字音频压缩格式。WAV格式的文件效果不错，但未经压缩，文件巨大，一首歌曲通常要几十M大小；MP3则几M大小，压缩的区别常人基本无法辨别。总之，MP3是欣赏流行音乐的首选格式，也被很多音频编辑软件识别。

（4）WMA（Windows Media Audio）：又是微软开发出来的音视频格式，大有与

MP3分庭抗礼之势。WMA格式通过减少数据流量但保证音质的方法压缩，压缩率胜过MP3。此外，WMA还可以防止拷贝和盗版。

（5）MP4：美国AT&T公司研发的A2B音乐压缩技术，虽然从名称上可以看作是MP3文件的替代，但事实远不是那样。

（6）QuickTime：苹果公司研发的老牌数字流媒体，几乎支持所有主流个人电脑平台。

（7）RealAudio：Real Networks公司推出的一种可以实时传输音频信息的文件格式，在互联网面试的初期由于网速的局限应用较广泛。

其他音频格式还有AIFF、AAC等，在此不再详述。

在网络媒体设计的初始阶段，可以选择识别性强、流行度高的音频格式，比如MP3。静态网页与Flash文件内置的音乐都可以较好的识别、使用，文件的体量也比较适中。在实践中，如果某一曲目未被软件识别，可以尝试其他下载源或者利用前面提到的音频处理工具进行二次转化来解决问题。

其他相关技术将在本书的最后一章介绍，希望条件允许的读者在此基础上继续学习、提高。

0.4 学习方法简介

0.4.1 网络媒体设计基础学习三步走

第一步：静态网页快速上手。

哪怕网页只有一个词“Hello World”，也算是“麻雀虽小，五脏俱全”了，因为这个小例子足以让我们学到网页的文件和代码格式、软件的设计界面和编码界面、文字的样式等内容。如果在此基础上插入图片，就会进一步掌握网页的图片调用，实际上是借用外部已有的JPG、GIF等图片文件，这里牵扯到了“路径”的概念。路径不对，图片就无法显示。乘胜追击，再为图片和文字添加链接，这个网页从设计类型上看已经很完整了，只是内容过于单薄。在以上过程中，要养成经常到代码视图里面去看看的习惯，也就是要经常关注网页HTML代码的变化。虽然HTML是比较初级的编程形式（或许还称不上编程），但不可否认，你已经站在了程序设计的门口。

网站再复杂，不过是表格（或DIV）的架设与内容的罗列。如果面对空白的设计视图觉得迅速安排网页模块很吃力，不妨利用Photoshop软件做一张图片出来。这个图片的唯一目的是力求视觉上和规划中的真实网页一模一样。这样可以在网页设计的初期摆脱技术层面的束缚，集中精力去关注版式。这个环节所产生的平面作品要是不能让客户（包括设计者自己）满意，那最后即便作出网页，效果也不会好。

具体到技术环节，在Table+CSS布局设计中，可以将设计好的图片按照规划好的网页模块裁切成小块儿，这样就可以配合网页中的Table使用。使用的方法有多种，有的图片直接使用，有的还要转变为背景图片，有的可能要将图片性的文字转化为纯文字。

以上内容掌握成熟了，同时对CSS也有了一定的了解，就可以尝试利用DIV+CSS布局方法进行网页设计。DIV+CSS模式特点鲜明：模块分类清楚、风格清爽利落，同时便于程序控制，备受编程人员青睐。

第二步：深化两个方向，即界面设计和程序设计。

先看界面设计。界面设计有着强烈的设计学科特征，很多艺术设计专业课程都涉及这一部分，比如版式设计等。未经过专业训练的读者可以通过书籍、网站、培训班或者将来可能的专业学习进行专项训练。对于网络媒体设计，快速上手不是最终目的，要着眼于形成自己的设计风格。

同时设计门类，网络媒体设计还有着自身的特点。由于网络媒体设计是植根于IT领域的设计，需要将眼光放得更“低”，低到像素这个级别，让作品精致、严谨、有条理经得起推敲。比如一条线，如果能够细到一个像素宽，就不要随意的画出一条又粗又模糊的线条。也可以将其称为计算机视觉语言，大家看看 Microsoft.com、Adobe.com 等网站实例就会感受到这种 IT 设计的精细风格。

从软件角度，界面设计离不开 Photoshop，本书在版式设计部分会做一定的介绍，剩余内容希望读者通过其他途径将其很好的掌握。

再看程序设计。程序语言这么繁杂，怎么选择和深入呢，下面仍旧是一家之言。

先过代码这一关，主要指 HTML 层面和 CSS 控制。其次熟悉前台的脚本语言，比如 JavaScript（或者 Flash 软件内置的 ActionScript）。也可以这么理解，这一阶段的编程还局限在设计师的电脑里面，也就是本地电脑中的代码控制着本地计算机屏幕上显示的内容，和服务器没有关系，但这同样需要严谨的态度与技术。尊重代码编写的种种规范，养成专业的编写习惯。

经过了第二步，已经可以开始初步的网页设计以满足部分设计需求，内容展示和视觉效果是需要把握好的两点。

第三步：Flash 架构网站的设计。

有了前面两步的基础，可以将学习扩展到 Flash 层面。这又包括两个方面的内容。首先是 Flash 软件基础与动画的设计，熟悉帧、元件、实例等概念；然后尝试利用 AcrionScript 来控制相关设计组件，也就上升到了网页设计的层面。目前，Flash 结构的网络广告已经成为互联网广告的主流，虽然 Flash 架构网站相对而言还不多，但已经有了足够的理由将 Flash 融入到网络媒体设计的学习过程中。

0.4.2 其他建议

网页设计离不开软件的学习。软件使用如同传统设计要用到笔墨纸尺一般，属于工具运用的范畴。对于读者群中那些艺术设计等相关专业的同学，有些人将要进入到相关的设计公司或其他单位从事设计，而这个时候又很少会有机会只是高谈阔论而不能动手真正地做出东西来。软件用不好，会造成很多不方便的地方。同时，软件不是设计的全部，甚至不是设计的主要关注点。设计是需要灵性的，更需要锻炼的机遇让人不断地成长进步。

网页设计和数码设计相关，下面具体说说作者建议的普适性方法。

勤动手：如果只是刚刚开始学习软件，学些数码设计，每天都要做一点东西才行，哪怕只是处理一张照片、设计一张招贴、勾勒一枚标志等。要尽快地了解每一种软件的特性，在不损害创意初衷的同时，学会照顾软件自身的“行为方式”，这样才会高效率的展开工作。

多交流：以学生为例，这个时期最大的特点是朋友多，互相之间学习的动机单纯，往往可以达到一个小圈子全面迅速提高的效果。说到这里想到了认识的两位朋友，他们读研究生的时候，在老师的工作室每天无时无刻不在交流，交流的内容包括编程、课业等。至今编者还为这种单纯、真诚的学友关系所打动，作者时不时也要向他们请教好多 IT 方面的问题，受益匪浅。对于非学生的读者，编者同样建议要寻找和创造各种机会不断交流，不说创意这个层面，就是“形而下”到软件的使用，不交流也行不通。

此外，还要多多上网查“免费”的资料、多泡书店。

通过互联网能够方便地查阅到国外的资讯与资料，这对于处在初学阶段的读者朋友是很宝贵的——至少对数码设计的学习还是很必要的。电脑、软件、数码设计思想这些东西都出自西方英语的环境，所以学习数码的设计，必须追根溯源地找到西文，特别是英文的资讯与资料，这是一条捷径。在这个意义上是不能排斥英语的。

有了网络（谷歌、百度或者其他），已经找到了最称职的老师。无论你关注哪一个知识点，只要搜索，就会有足够多的可用结果供你筛选。代码与程序语言的学习由于知识点繁多，更需要随时随地地查阅，网络资源就显得更为必要。

在购买书籍和杂志之前，一定要通过免费的网络资源做好前期性工作，尽最大可能确定某些书籍是有用的再去购买。网络中还存在着数量众多的电子杂志，很多也值得一读。特别对于学生而言，编者倾向于“低成本”起步，待读的东西多了，真的发觉有了特别想买的书，再出手也不迟，当然，这只是个人观点。

对于设计软件，作者建议“学用结合、够用就好”，不要等到掌握了所有的软件功能才去做设计——绝对意义的“精通”是不存在的！当你掌握了某种软件的基本用法，就可以告诉自己：“我会使用它了”。掌握 10% 与 90% 都表明你已经或仍然在路上，所以尽可以在实践中接触新知，锻炼自己。

俗话说：“磨刀不误砍柴工”。经过了对软件、技术和学习方法的基本了解，从下一章节开始，就可以更为快速地理解本书所讲述的网络媒体设计方法。做好准备了吗，那就开始吧。

第1部分

静态网页设计

Network Media Design

静态网页设计指基于本地内容和浏览器独立页面（Web page）的网页设计形式。常用的形式有两种：一种是比较传统的Table+CSS形式，一种是形式与内容分离清晰的DIV+CSS方式。两种方法各有利弊，但相对而言，Table+CSS可以让我们掌握基本的、可以手工精确控制的网页设计技能，是初学者非常好的入门形式；掌握了Table+CSS之后，我们可以更进一步的学习DIV+CSS方法，专注的进行网页视觉的编排，同时也让自己的前端设计更好地为网站开发团队所用。

除了网页架构层面的学习，还要对脚本编程（JavaScript）进行一定的了解，以丰富页面效果与功能。

最后，回归网络媒体设计的“视觉设计”层面，从网页视觉和网站版式类型的角度完善相关设计技能。

1 静态网页设计（Table+CSS）

1.1 静态网页设计基础

1.1.1 什么是静态网页

HTML 格式网页通常被称为“静态网页”，因设计门槛较低，是网页设计的基础品类。静态网页每个网页都有一个固定的 URL（URL 是英文 Uniform Resoure Locator 的缩写，即统一资源定位器，也就是 IE 地址栏中出现的那一行代码），如 www.example.com/example.htm，且网页 URL 以 .htm、.html 等常见形式为后缀，每个网页都是独立的文件。静态网页的这种特性使得其对搜索引擎（谷歌、百度等）非常友好，便于搜索。

PC 环境下网页文件默认的保存格式为 html，可以认为其与 htm 格式没有本质的区别，但要注意网站文件的后缀统一，不要 .html 和 .htm 混用，造成链接错误。

在 HTML 格式的网页上，也可以出现各种动态的效果，如 .GIF 格式动画、Flash 动画、滚动内容等，这些“动态效果”只是视觉上的，与下面将要介绍的动态网页是不同的概念。

本书界定的“动态网页”是借助服务器端编程环境“动态”生成的网页，在 URL 框中会含有“?”、“=”符等，这也是我们上网时常见的网页形式，结合了 PHP 或其他的网站开发技术。网页设计中的 Flash 技术虽然视觉上动态效果繁多，但也要考察其网页的构成机制。如果只是单纯的信息发布，而与服务器以及数据库没有双向的交流，则也应该看作是“静态网页”。

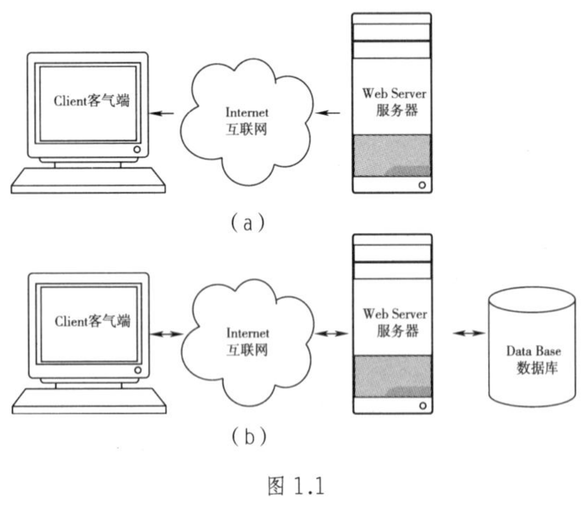

图 1.1

图 1.1（a）为静态网页的单向信息传输；图 1.1（b）为与动态网页的交互性信息传递模型。

静态网页的学习需要准备些什么呢?

首先是软件，本书静态网页设计部分以 Dreamweaver 的 8.0 版本为软件演示基础。软件的版本不断更新，但应该说在一定时间范围内，每次软件版本的升级只是体现在某些功能和细节，不足以改变软件使用的整个习惯和基本功能，对于网页设计的技术层面基本功能没有影响。对于初学者，在条件允许的情况下，可以选择最新的软件来学习使用。最新软件的使用方法，比如 Dreamweaver CS5 等，依然可以对应本书学到相应的设计方法。当然，软件版本的选择属于用户自己的权利，对于艺术专业的同学而言，除了要关注软件本身，更重要的是掌握一套适合自己的网页视觉设计和架构设计的方法，这是超越于简单技术学习的地方。

其次要做好准备接受一些代码和编程方面的知识。代码与编程思维不同视觉艺术设计，需要更为严谨的思考和理性的安排，这是网页设计能带给我们的别样感受。

还有一些准备就是相关的图片等多媒体资料，以便做练习使用。

1.1.2　设计第一个网页

在 Dreamweaver 欢迎页面中点击“新建 >HTML”，创建本书学习的第一个网页。在“设计”界面中输入“Hello, World!”，然后保存这个网页。这里要弄清楚存储的位置和存储的文件类型。以常用的安装有 Windows 操作系统的 PC 为例，一定要在网页设计之前，为本次网页设计确定专用的文件夹。因为网页设计会涉及网页文件和图片文件等很多内容的组织，所以，为每一个网站设计建立专有文件夹很重要。

例如，一般的电脑都会有大于两个的分区，驱动器 C（通常所说的 C 盘）一般为系统文件，包括桌面的文件，驱动器 D（也可能会有 E、F 等）可以放置工作文件、备份文件、多媒体文件等。比如在驱动器 D 建立一个文件夹，名字为“网页设计”，然后在这个文件家中建立一个文件夹“第一个网页”。当然，这里面的名字仅供参考，可以中英文任何简明的形式来命名。笔者建议将每一个网站的所有网页和图片等文件放置在名为“Website”的文件夹中。在本例中，将网页命名为 helloworld.html（helloworld.htm），放置在 Website 文件夹中。

图 1.2 为第一个静态网页 Hello World!

图 1.2

网页存储之后，就仿佛飞机降落地面，整个设计过程就“踏实”了；不及时存储文件是一个坏习惯，既容易意外丢失文件，又会导致超链接路径链接的错误。

说到这，想讲一讲 html 网页命名的规则。一般来说，不建议用中文来命名，避免网页文件被服务器解析时发生意外和错误。同样不能用操作系统规定的“保留字（也就是系统专用字符或符号）”来命名，比如“\ / : * ? ”等。

换个角度说，习惯上使用有意义的英文或拼音字母（一般为小写形式）、数字和常用的链接符，比如下划线“_”等来命名文件，如 page_01.html、flower_02.jpg 等。这样做使得文件的可读性很强，同时也方便系列文件的建立和安排。这里面着重强调一种数字排列方式，单数数字应该前面辅以“0”占位，比如 01、02、03，这样当数量超过 10 的时候，所有元素在资源管理器中的排列顺序才会有条不紊。

双击 helloworld.html 这个文件，默认浏览器（比如 Internet Explorer）会打开文件，这与平时上网看到的网页形式上基本是一样的，只不过网页的内容过于简单了，只有一行文字。

通过这个实例可以让我们了解网页与 Word 等软件的相似性，同样都是图文处理的软件。不同的是，网页需要专业设计软件设计，再由大众使用的软件来显示。当你打开 IE 网页的文件菜单，就可以明白这些电子文档类软件相似性了。

在本节，不妨接受一个小小的挑战，观察一下本网页的 HTML 代码内容是什么样的。点击工作区上方“显示代码视图（按钮上只有‘代码’两个字）”按钮，代码内容如下。

```
<html>
<head>
<meta http-equiv="Content-Type" content="text/html ; charset=gb2312">
<title>Untitled Document</title>
</head>
<body>
 Hello, World!
</body>
</html>
```

除了刚才输入的 Hello World 字样，可以找到很多成对儿的代码结构，类似于 <名称 ></ 名称 >。实际上这些代码本身并没有生成 Hello World 的词语，只是用来解释该如何显示这个词，这就是解释性语言的本质。静态网页就是用 HTML 代码标记出来的“成果”。

关于 HTML 的学习在以后的章节讲述，更多关于 HTML 的语法标准请参考其他相关资料。

1.1.3　图片的使用

大部分网页都会有图片内容，它们的尺寸、图片格式各不相同。那么，HTML 网页文件和图片的关系是什么呢。可以做一个比较。如果利用 Word 软件制作一个图文并茂的 .doc 文件，这个文件复制或者电邮至其他地方，打开它依然可以看到相关的图文。HTML 网页文件不同，这个文件中所显示的图片实际上并没有包含在 html 文件中，只是“借调”而来。如果只复制 html 文件，文件中的图片无法正常显示。

对于图片文件，习惯建立名为 images 的文件夹组织管理它们。对于本节学习而言，需要建立类似的名为“02 图片与超链接”的文件夹，文件夹中照例包括“Website”文件夹。因为使用习惯的原因，笔者推荐每个例子中都这么命名，后不赘述。“Website”文件夹中设置“images”文件夹用来存放图片。

这次的内容比“Hello World”稍微丰富了些。在第一个网页中，在“设计”视图，粘贴一段示例用的文字，然后在末段写上“下一页 >”字样，以便链接。把这个网页存储到上一段提到的 Website 文件夹中，命名为“page_01.html”。同理，建立另一个名为“page_02.html”的文件，在末段写上“< 上一页”，放置在同样的目录下，与“page_01.html”为邻。

下面为每个页面插入图片。插入图片的方法有很多，在界面上可以使用菜单和工具栏图标按钮这两种方法。将光标放置在首行（可以通过 Enter 键将文字段落向下移动，使首行为空行），单击 Dreamweaver 软件菜单命令“插入 > 图像”，就可以在 images 目录中找到 pic_01.jpg（教材示例提供，自己可以选择其他的图片），双击图片就可以将它放置在网页中，存储文件。也可以使用软件界面上方“常用”工具栏中的“图像”按钮来快速放置图片。

这样就建立了两个基本的图文混排的文件，为下面的超链接操作做好了准备。更多图片与文字混排的选项在以后相关的章节中讲述。

在实际的设计中，不会“幸运”的每次都能找得到合适的图片放入网页中，这就需要同时使用 Photoshop 软件随时对图片素材进行调整，包括图片大小、对比度等。相关 Photoshop 操作在后面的章节中讲述。

图 1.3 为本节涉及的两个网页，这里面的超链接已经链接完毕。具体方法在下节讲解。

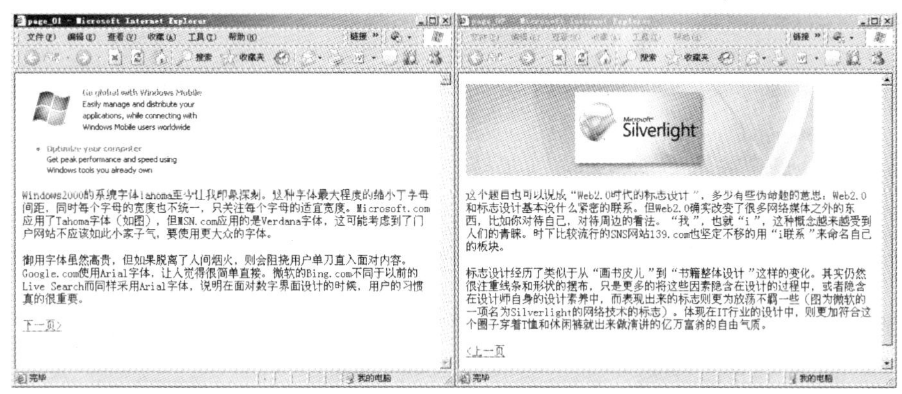

图 1.3

1.1.4　超链接

所谓的超链接（Hyperlink）是指从一个网页指向一个目标的连接关系，而超链接的起点（启发器）可以是一段文本，也可以是一幅图片，比如按钮形状的图片等。各个网页链接在一起后，才真正构成一个网站。

网页上的超链接一般分为三种：一是绝对 URL 的超链接。URL 简单地讲就是网络上的一个站点，是网页的完整路径，如 http：//www.baidu.com；二是相对 URL 的超链接。如将自己网页上的某一段文字或某标题链接到同一网站项目的其他网页上面去；三是同一网页的超链接，这种超链接又叫做书签。本节讨论第二种连接方法，也就是网页和网页之间的链接。

“超链接”是网页设计的重要特征。有了“超链接”，网页的浏览方式才与传统的书籍阅读方式区分开来，形成“超媒体”，这也是“超链接”的命名来源吧。这里我们要注意所谓“超”的英文词头“Hyper-”。

下面结合上一节生成的两个 html 文件来制作超链接，使得两个网页互相关联起来。利用 Dreamweaver 打开 page_01.html 文件，用鼠标全部选中“下一页 >”字样使其高亮，然后在属性面板中点击“链接”下拉框右侧的“浏览文件”按钮（文件夹的图标样式），然后在弹出的“选择文件”对话框中双击“page_02.html”选中它，由 page01 向 page02 链接的超链接就做好了。反之亦然。链接的方法不止一种，本例仅供参考。

图 1.4 为属性面板中与超链接相关的设置（圈选），推荐点击链接属性右侧的文件夹图标来定位超链接对象；“目标”下拉框则定义了几种网页弹出的方式。

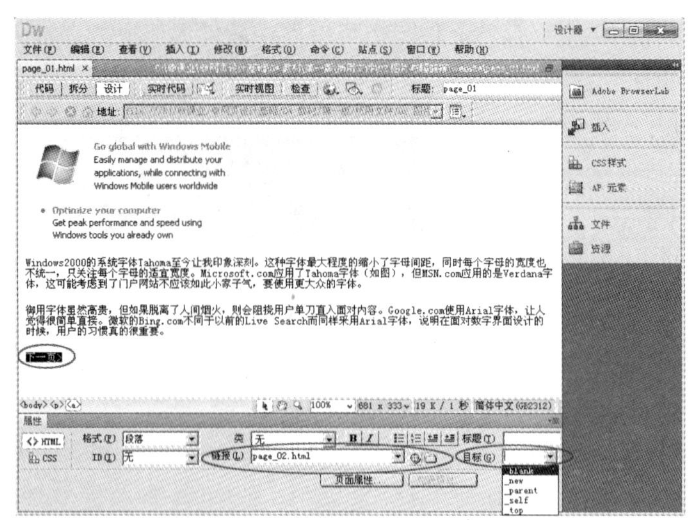

图 1.4

本节从最基本的角度了解并实践了简单图文混排网页（包括超链接）的制作。下一节稍作扩展，了解一下常用的静态网页设计元素及其使用方法。

1.2 静态网页设计方法扩展

1.2.1 无表格图文混排

静态网页的主要表现形式是图文混排。在不涉及 Table 和 DIV 的情况下，也可以进行基本的版式设计。

本节的制作内容为“vgdesign”设计工作室的示例网站。为了完成这个设计，在“vgdesign”文件夹内除了要新建“Website”文件夹，还要新建“素材”文件夹以放置相关的图片、文字等收集的相关素材文件。将“素材”文件放置在“vgdesign”项目文件夹内是一个好习惯，可以在复制“vgdesign”文件夹的时候一并包括本项目设计的全部内容，不必一一处理，避免遗漏。

图 1.5

1. 网站首页设计

首页的设计采用了 vgdesign 标志图片和文字的结合，所有的内容居中显示。同时针对“设计痕迹 >>”字样进行超链接设定，以链接到二级页面。

图 1.5 为 vgdesign 示例网站首页设计，包含了指向二级页面的超链接。

2. 网站二级页面设计

这一页的内容相对较多，如图片、文字和水平线等，多为复习内容。其中图片和文字的混排效果可以通过属性面板中的“对齐”选项命令来实现。选择二级页面要用到的博客图片，然后在属性面板中找到“对齐”选项命令，选择“左对齐”方式，最后可以设置“水平边距”为“10”，这样图片和文字就会有 10 像素的空隙，视觉效果更好。

图 1.6 为 vgdesign 示例网站二级页面设计中涉及的水平边距和对齐选项设定。图

1.7 为 vgdesign 示例网站二级页面（无表格结构）。

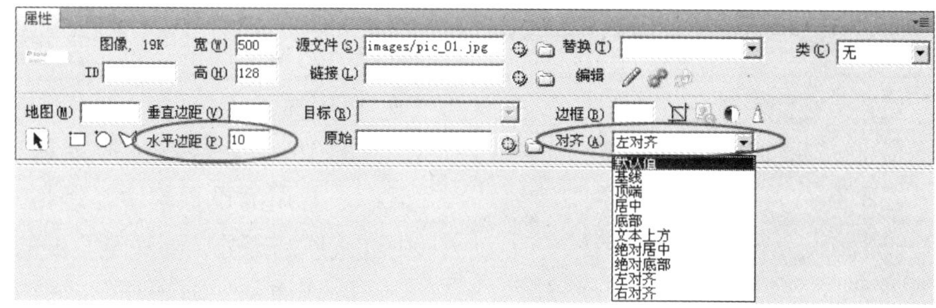

图 1.6

显然这个网站比较简单，但展示了标准网站的基本文件结构。在学习的初期，要反复训练，将类似的文件结构谙熟于胸，养成文件组织的好习惯，为设计工业标准的网站打好基础。

图 1.8 为示例网站文件结构，注意从左至右每一列都代表了文件夹的嵌套层级关系。

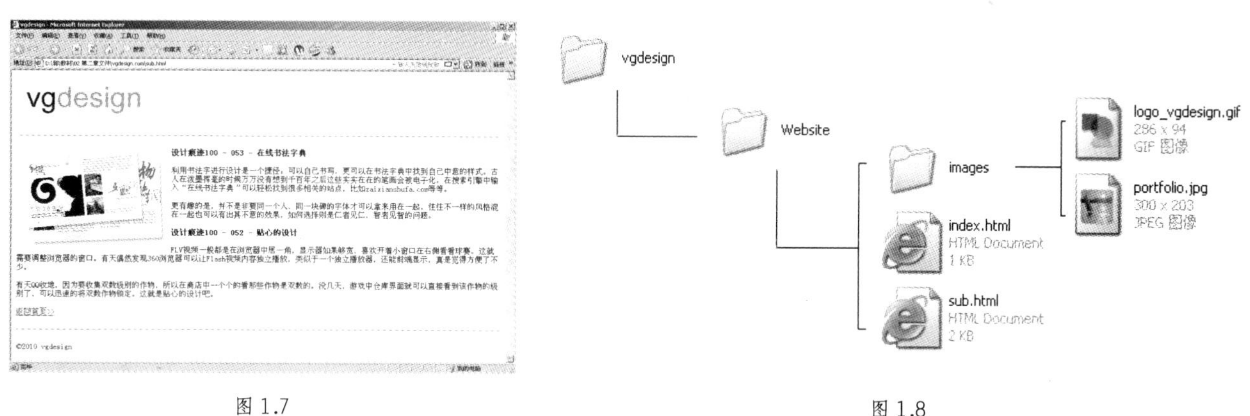

图 1.7　　　　图 1.8

1.2.2　表格设计与单元格内图文混排

利用常用工具栏的“表格”工具可以轻松的设计表格（高版本的 Dreamweaver 需要在顶部下拉菜单中选择“经典”来直观显示“表格”和“图像”等常用图标命令）。在设计视图状态下，单击“表格”工具，弹出“表格”对话框。

重点考察表格对话框中“表格大小”模块中的相关设置。

（1）行数和列数确定了表格的基本结构。

（2）表格宽度有两种单位，像素和百分比。一般来说，首次设定表格的时候要规定固定的宽度，使用像素为单位。针对时下显示器的使用情况，900~990px 的表格宽度是相对安全的，也是合适的。当然，每个网页的适宜宽度各不相同，要根据实际情况设定，不可拘泥。百分比的参照对象为浏览器的可用宽度或者所在表格所在单元格的宽度。确定好外围最大的表格之后，里面嵌套的各级表格宽度可以不再以像素作为宽度，一般设置为 100%。

（3）边框粗细：默认的边框粗细将网格结构可视化，但一般来说在设计中避免出现边框形状，也就是说此处常用数值应为 0 像素。要尝试使用自定义的线条、颜色来装饰表格。

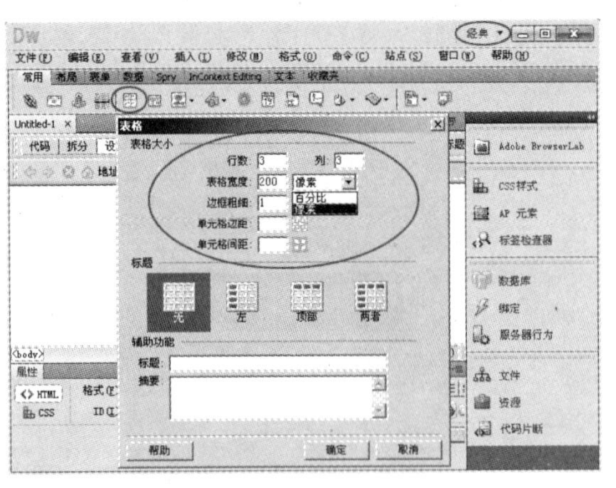

图 1.9

（4）单元格边距和间距很相似，规定了单元格中内容与边框以及单元格与单元格之间的宽度，在具体应用中一般设置为 0。

图 1.9 为表格图标命令和表格对话框。常用的设置集中在表格对话框中红线所圈部分，要注意宽度的单位。

利用表格工具设定一个 3 行 2 列的表格，在每个单元格内以此填入数字 1~6，在代码视图中观察与表格相关的 HTML 代码，利用数字作为媒介体会一下表格的 <tr>、<td> 标签是如何与单元格的次序相匹配的。

图 1.10 为示例表格样式与 HTML 代码。

表格的 HTML 代码基本样式如下：

```
<TABLE>
    <TR>
        <TD>1</TD>
        <TD>2</TD>
        <TD>3</TD>
    </TR>
    <TR>
        <TD>4</TD>
        <TD>5</TD>
        <TD>6</TD>
    </TR>
</TABLE>
```

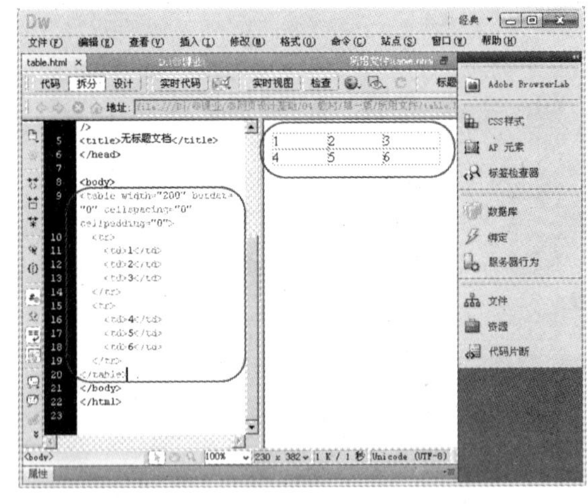

图 1.10

可见在 <table> 标签代码中，<td> 负责“列”的建立，而 <tr> 负责“行”，并且具体的内容放置在 <td> 之中。可以将表格和其中的单元格看作一个容器，而这个容器具备对容器中的图文规定各种属性的功能。理解了这一点，就可以方便的规定单元格内图文的编排属性、对齐属性，以及单元格自身的背景色、背景图案等属性，这就基本涵盖了有表格图文混排和版式设计的大部分内容。例如，下面的代码设置了本单元格的背景色：

```
<td bgcolor="red">
```

可以根据素材的种类和设计的需要，将大小适合的图片和一定数量的文字分别放置在不同的单元格中，并借助于 td 标签设置相关的 HTML 属性代码（如上例中的 bgcolor）。也可以将每个单元格看作是一个 body 容器，这样就可以把前面无表格排列的相关知识融合进来。总之，单元格只是为设立更为复杂和精确的网页内容模块创造了条件，其很多常用的属性并不陌生，比如单元格的宽度、高度、背景色、背景图片、对齐等属性，具体编排在随后的相关小节中讲述。

在利用 Photoshop 设计版式之前，要强调的是，截止到这一章节，已经可以根据自己的兴趣和相关要求设计网页了。需要规划好表格中各单元格的布局和长、宽，安排好文字与图片，确定好 body 与各单元格的相关样式，就可以设计出实用的网页。只是，这样设计网页会给一个这样的感觉：网页内容的布局与精细控制都无法自如的实现，下面的章节将会讲到如何利用 Photoshop 进行专门的网页版式设计。

1.3　网页版式设计

1.3.1　网页版式的基本类别

在学习了网页设计基本操作之后，进入静态网页设计的标准学习阶段，一般来说这个阶段需要更严谨的设计和更丰富的内容。为了设计出工业标准的静态网页，需要借助 Photoshop 等平面设计工具进行前期的相关平面设计。在实践中要熟悉网页版式设计的基本特点，做到既尊重用户使用习惯，又敢于创新。

Photoshop 软件学习和版式设计的详细内容后续有专门章节讲述，本节只是对静态网页设计中用到的一部分内容进行介绍。

可以通过以下网站的几种基本类型来体会不同的版式设计特点。

（1）门户网站：比如网易（163.com）、MSN（msn.com）等。门户网站是新闻的集大成者，每天都会有大量的新闻条目更新，同时新闻的类别繁多。门户网站的这种特性决定了其版式设计必须遵从简洁易读、分类清晰、弱化个性的原则。

图 1.11 为网易首页截图（截图时间：2011 年 11 月 23 日）。

图 1.11

（2）公司网站：公司网站是重要性与稳定性仅次于门户网站的大型信息类网站，如中国移动通信有限公司网站（chinamobile.com）、Adobe 公司网站（adobe.com）等。公司网站的版式设计结合了公司文化、VI 视觉标准等内容，个性突出，同时容纳了与公司的产品、服务相关的海量信息，是用户针对性查询的重要信息来源。

图 1.12 为微软官方网站首页截图（截图时间：2011 年 11 月 23 日）。

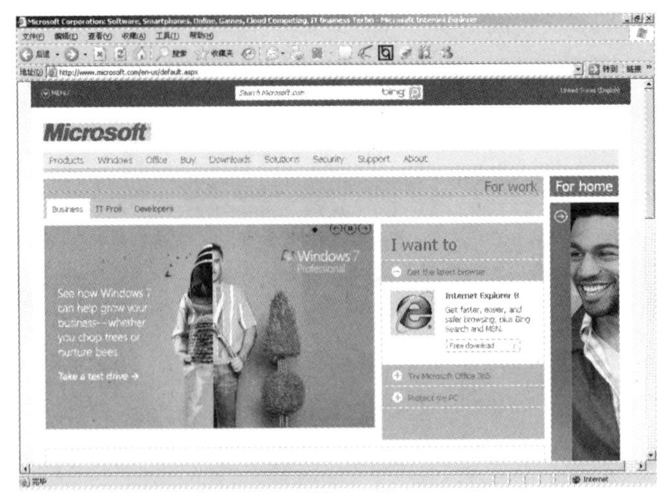

图 1.12

（3）团体与个人个性网站：这类网站与公司网站有相似的地方，只是规模和侧重点略有不同，如原子猫歌唱组合官方网站（atomickitten.com。虽成员已经单飞，但官网仍在更新。网站中有各成员的相关个人站点，以便歌迷把握最新动向）。这类网站的宣传性质更为强烈，一般结合官方网站的属性，是权威信息发布的平台；同时与公司网站相比，其商业性和结构性不是那么强烈，因此设计上更为自由、大胆，更讲究视觉的冲击力和结构设计的创新。

图 1.13 为信乐团官方网站（截图时间：2011 年 11 月 23 日）。

（4）专题网站：这类网站最常见的就是电影专题网站，还有一些针对特别话题的站点。这类网站一般以官方的形式（Official site）出现，重在权威信息的发布和资料的归档，同时也会允许影迷进行交流。

图 1.14 为 Transformers 电影官方网站（截图时间：2011 年 11 月 23 日）。

图 1.13

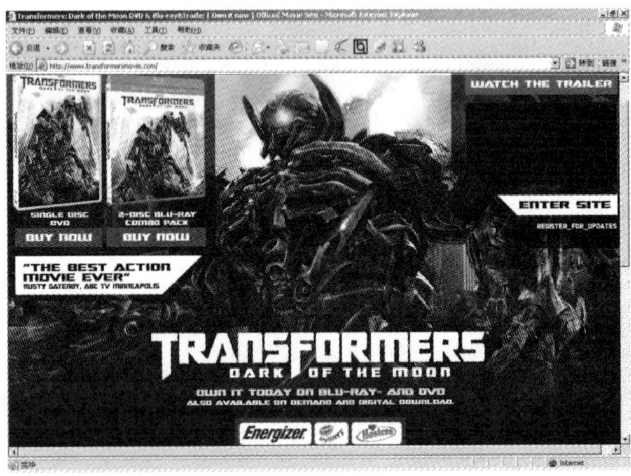

图 1.14

（5）Web2.0 站点：这类站点相对而言是新兴的网站形式，以博客、SNS 网站、微博客为主，比如新浪微博（weibo.com）、人人网（renren.com）、139 说客（139.com）、LActionScriptt.fm 音乐网（last.fm）等。由于 Web2.0 网站的信息主要由用户维护，因此此类网站的结构性设计特别重要，至于具体的信息只需将每一种类的需求设定好显示样式即可，也要照顾到阅读的方便。

图 1.15 为 139 社区网站截图（截图时间：2011 年 11 月 23 日）。

除了上述种类，还有政府网站、搜索网站、MiniSet 等网站类型，都要针对不同类别确定其风格。关于网站视觉样式的相关内容后面章节还有论述，在此不详细介绍了。

图 1.15

1.3.2 网页功能分区

一般来说，网页都会展示多种信息模块，如菜单、链接条目、广告、公司信息等等。如此繁杂的信息会不会让人混淆？实际上，随着网站设计的日益成熟，已经基本形成了固定的模块划分习惯，同时也培养了读者的阅读习惯，在模块梳理和划分上设计者和用户有着共同的着眼点。在设计过程中，一定要处理好个性和习惯两者之间的取舍。

通过一定数量网站的阅读积累，可以总结出大致的视觉关注度分析。

实际上，网站版式的功能分区体现着一般意义上的视觉焦点关注度以及浏览顺序。明白了这个道理就清楚如何摆布主要内容了。同时也要明白，不要把读者常用的按钮或者菜单放置在不易找到的地方，这种“闭门造车”式的创新不可取。

图 1.16 为版面关注度分析示意图。右图中，颜色深的模块是读者在第一时间关注的区域，这种关注度随着色彩的弱化依此递减。

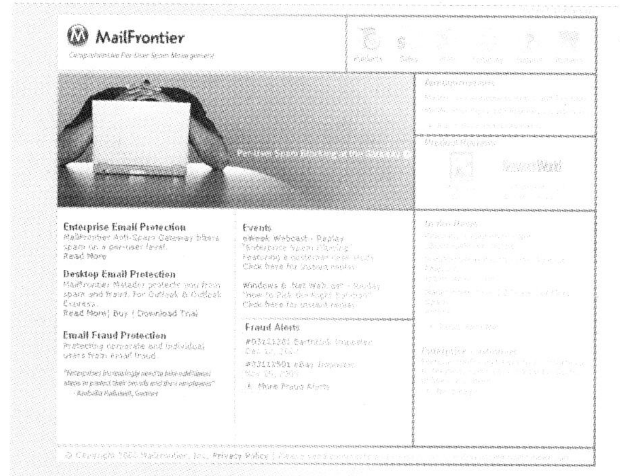

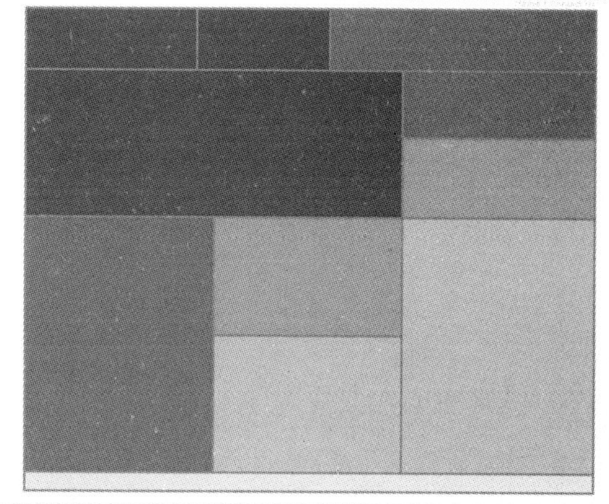

图 1.16

1.3.3 Photoshop 网页版式设计

静态 HTML 网页离不开图文混排。但是，如果在设计的开始就着手在 Dreamweaver 软件中实现从空白网页到图文并茂的过程，会受到软件的种种限制而无法自由实现设计想法。利用 Photoshop 等图片处理软件设计版式就可以实现更大的设计自由度。

本节针对一个虚拟的网站主题“Making Pages”来说明 Photoshop 网站平面设计的基本流程。例子中所涉及的内容仅作为教学举例之用，相关图片及文字版权属于内容各自的所有者。

图 1.17

图 1.17 为借助于 Photoshop 完成的 Making Pages 网站平面设计。

从以下几个方面来把握基于 Photoshop 的网页版式设计。

（1）设计图片大小：绝大部分情况下，图片的大小相当于网页的可视面积大小，这就要同时考虑到屏幕的宽度和浏览器的有效浏览面积。比如在 1024×768px 分辨率的情况下，990×560px 的图片就可以在浏览器中显示所有设计内容。当然有些情况下，网页的高度限制不是那么严格，因为允许 2~3 屏的下拉余量。

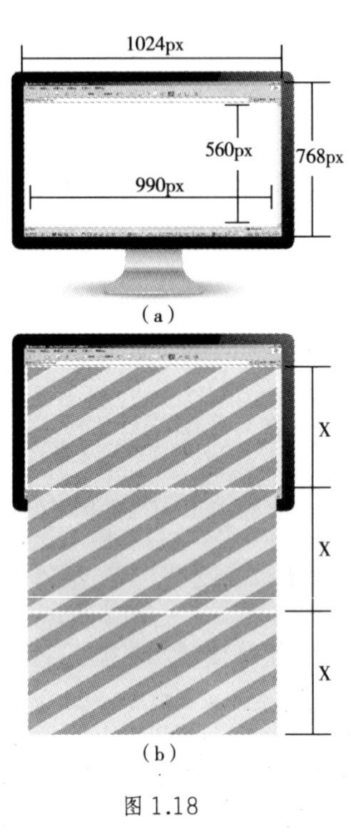

图 1.18

图 1.18 为网页可视面积与显示器尺寸的关系示意图。图 1.18（a）为用作安全参照的主流显示器可视尺寸与网页尺寸的关系；图 1.18（b）为全部网页高度与屏幕显示尺寸的关系，一般情况下尽量控制不要超过 3 倍的高度。Flash 架构网页要尽量不产生滚屏现象。

（2）标志与 VI 视觉体系：一般来说，网站设计是各公司 VI 系统的一个分支，要在 VI 系统的统一管理下进行设计。针对 Making Pages 的标志，确定了 #990033 色彩和白色的基本色调。

#990033 色彩是 HTML 代码除了特定的颜色英文名之外可以为计算机“读懂”的一种色彩编码形式，在 Photoshop 的 Color Picker（拾色器）中可以查到颜色的这种编码形式。# 号后面是三组十六进制数字的表示方式，代表 RGB（Red，Green，Blue）的颜色顺序，也唯一的定义了一种颜色。常用的色彩编码有：#ffffff，白色；#000000，黑色；#ff0000，红色等。如果三组颜色数值相同，则代表一种灰度色彩。如果遇到只有三位数字的情况，则表明了一种缩写形式，比如 #567 是 #556677 的缩写。

这里面的背景色还牵扯到在浏览器实际显示过程中，位于 Photoshop 图片所代表的网页内容外围的背景颜色。即便在有背景图片的情况下，也要设置合适的背景色，这样在网站图片加载的时候才不会让读者感觉到视觉效果的突兀。本示例网站采用白色的背景色。

在版式设计的两侧不必要设置预想中的空间，虽然在浏览网页的过程中总可以看到这种样式。实际上，这样的空间不需要 Photoshop 来设计，而是在实际显示过程中，由于浏览器的可视宽度大于网页设计图片主体宽度（比如 990px），网页背景自动显示出来的。

图 1.19 为麦当劳官方网站所体现出的公司 VI 特征，同时注意固定网站宽度之后

图 1.19

浏览器两侧出现的黑色空隙。（截图时间：2011 年 11 月 23 日）

（3）字体：可以用适当大小的锐利文字来模拟网页中的字体。比如 9pt 或者 10.5pt 的宋体字等。

这里要弄清楚两种字体的概念：第一种是图片中的字体，在很多网页的文章标题、图片链接或者广告图片中常常见到；另一种是纯文字，也就是很多网站文章正文用到的字体。除了少数网络小说网站将大段的文字以图片的形式发布以外，绝大多数网站的内容正文和文字链接都使用纯文字，这就需要善于将模拟图片中的文字在网页制作的过程中转化为纯文字，也要求在图片设计阶段就要为将来的文字转化做好准备——将文字的大小、颜色和锐度都统一成将来浏览器中显示的样式。

PC 系统中浏览器显示的文字是很锐利的，也就是要将 Photoshop 字体辅助工具条上的“设置消除锯齿的方法”选项设为“无”，以达到逼真的纯文字效果。中文网站常用的宋体字号为 9pt 和 10.5pt，对应着默认分辨率（72 像素 / 英寸）下的 PSD 文档中的字号为 12pt 和 14pt。

图 1.20 为利用 Photoshop 的字体选项将网页版式中的内容性字体“模拟”成网页浏览时的样式。圈选部分为相关设定和文字内容。

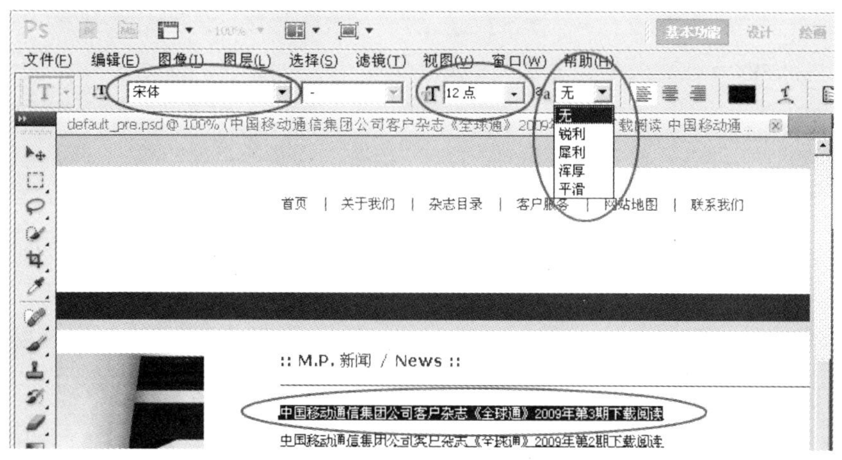

图 1.20

图 1.21 为 Photoshop 针对字体的“设置消除锯齿的方法”不同选项、不同字号（默认分辨率下的 14pt 和 12pt）的示范字体效果。“无”选项的字体效果清晰锐利，适合在液晶显示器上以小型字体成段落阅读。

设置消除锯齿的方法	平滑	浑厚	犀利	锐利	无
宋体 14PT	示范字体	示范字体	示范字体	示范字体	示范字体
宋体 12PT	示范字体	示范字体	示范字体	示范字体	示范字体

图 1.21

(4) 替代图片的选择：如果要在网页放置的图像不是最后设计的图片，那么选择好视觉效果相似的图片也很重要，这有利于判断整个网页的设计效果。

对于本例，使用某电子杂志的封面翻阅截图来作为首页新闻的图片，虽然后面的设计会有内容的更新，可能不再使用这个图片，但其位置和大小已经确定，这就达到了图片版式设计的目的。

(5) 图层的组织：在 Photoshop 中，可以分门别类的按照网页的所有功能分区将相关的图层分组，这样有利于图片相关元素的调整。

(6) 设计的可行性：应该说，可以利用 Photoshop 设计出的版式绝大多数都可以利用后续手段转化为网页。即便如此，在设计的时候也要考虑到后续阶段的可行性，以便简洁有效的转化网页。

在第一次设计网页版式图片的时候，因为还没有了解到后续制作的过程，对图片的相应转化方法也不熟悉，因此所设计的图片或某一部分会为以后的网页设计带来困难。一方面要强调任何网页版式基本上都是可以转化为相应的网页的，另一方面也要在不断的设计实践中逐渐掌握图片转化网页的特点，减少不必要的设计困扰。

除了为精细的网页做版式参考，利用 Photoshop 进行版式设计还可以较快的为客户提供可选的方案。我们知道，在设计实践的初期，为客户提供 2~3 个方案是很有必要的，可以让客户尽快确定设计稿的修改方向，避免无休止的盲目修改。利用 Photoshop 设计版式图片，可以在相对复杂的网页设计工作之前与客户交流设计风格，节省时间。在不违背前期调查结论的前提下，初期提案的稿件版式风格要尽量反差明显一些，否则就没有参考意义，我们也永远不知道客户倾向的是什么风格，在设计之初这种试探性的方案提供是很有必要的。

最后要强调的是，做好的每一张 PSD 图片，都要保存好，以备以后的参考与修改。建议建立文件夹“设计图片”，使其与 Website 文件夹并列，然后将 default.psd 等原始设计图片放入其中。

1.4 裁切图片

1.4.1 确定切片范围

裁切图片的过程就是构思网站网格结构的过程，一定要做到高效、清晰，避免后续设计的混乱。

利用 Photoshop 中的切片工具将网页平面进行区域划分。

在裁切之前，要把握一定的裁切指导思想，也就是“层次”。首先要划分好整个网站平面模块区域的大层次，也就是“第一层次”，在开始的时候不要拘泥于网站模块的细枝末节。对于本例，第一层次可以分为四个部分。当然这种划分只是从笔者设计的考虑，并不绝对，针对不同情况可以有不同的划分方法。

图 1.22 为图片裁切的第一层次，产生了四张切片，序号分别为：01、02、03、04。

图 1.22

在利用切片工具裁切的时候，要注意以下几个方面。

（1）在 Photoshop 中略微调整画布，使得在不改变图片正确的显示比例（如 100%）的前提下，拽动外围一角使整个画布略略扩大，延展出一定的余量。“下刀”之前可以将“下刀点”放在这角多余的画布上，这样 Photoshop 就会自动将裁切点设置在实际图片的角点，避免了手动寻找这个角点容易产生的误差。

（2）在裁切的过程中，由于每次裁切都要精确到像素的精度，因此要时不时地利用 Photoshop 的缩放功能（Ctrl 键和“+”“−”号配合）将图片缩放，以便确定裁切线和图片中线条的关系。应该说，一个像素宽的差异也会为最后的网页设计效果造成影响。

图 1.23 裁切的第二层次，针对于第一层次的一些模块实际上已经裁切完毕了。

图 1.23

（3）由于每个裁切模块的左上角都有数字表示，因此要养成每裁切好一组切片后检查图片序号的习惯。如果某个或某几个数字没有找到，裁片的序号出现了跳跃，一定要放大图片，在细节中找到原因。

（4）切片有主动生成和被动生成两种生成方式，因此一定要确定每一刀下去会产生什么样的后果，不要想当然，避免产生裁片垃圾。

随后继续完成“第二层次”、“第三层次”的裁切。

图 1.24 为裁切的第三层次，将部分第二层次还没有裁切完毕的模块进一步细化。

图 1.24

总结起来，Logo 所在的横列、主体内容区和页面下面的版权信息栏为第一层次；每个第一层次下面有根据最后内容的表现形式分为若干个第二层次，然后部分第二层次下面可能又要分割若干层次。一般来说，当裁切到第三层次的时候，基本可以停下来并着手生成裁切图片了，更细微的层次可以在表格基本结构确立之后再回过头来研究。

利用 Photoshop 裁切图片，然后再利用 Dreamweaver 将这些单元图片重新组合，使其拥有更大的更改灵活性，同时细碎的图片也便于网络传输的特性。裁切图片的时候，应该时刻想到以后所分割的图片在网页中的位置，比如是否是 Logo 图片，是否要作为背景图片，是否要作为很多链接条目的单元格容器等。

当然，网页裁切，或者说基于 Table+CSS 布局的设计方法不止一种，这需要不断地熟悉网页设计的特点，进而找到更为科学成熟的，也更适合自己的方法。

1.4.2 生成裁切图片

利用 Photoshop 的“文件 > 存储为 Web 所用格式”命令可以将被裁切工具裁切好的整体图片分割为若干个图片，快捷键为 Ctrl+Shift+Alt+S，这个快捷键需要用到左手的四个手指，这种特殊性也便于快速地记住这个命令。有趣的是，即便如此，熟练使用这个快捷键也比用鼠标在菜单上寻找对应命令要快得多。对于其他常用的快捷键也要熟记，会大有益处。

在随后弹出的“存储为 Web 所用格式”对话框中要注意以下几点。

（1）一般情况下，第一次裁切图片，要利用 Ctrl+A 这个全选的快捷键把所有的切片选中。当然有时也可能单独选择某个或某几个切片。全选之后会发现部分之前没有被选中的切片会瞬间变亮以表示选中。

图 1.25 为 Photoshop 中“存储为 Web 所用格式”对话框。

全选之后注意右侧的几个选项命令，先介绍如下。

● 预设（Optimized File Format）下拉菜单。这里常用的选项有三个：GIF、JPEG 和 PNG。

图 1.25

这里谈谈网页图片格式的一些相关问题。

JPEG（联合图像专家组规范 Joint Photographic Experts Group）：利用有损的压缩方式形成的图像，是人像、风景图片和静物图片等常用的图像格式。

GIF（图形交换格式，Graphics Interchange Format）：256 色的图像模式，适合于图像色彩比较少的设计图形或大色块儿，人像或风景照片一般不采用这种格式。GIF 的一个显著特性是支持透明度。

PNG（易携网络图片格式，Portable Network Graphic Format）：可以将 PNG 格式理解为支持透明的 JPG 格式，但直到目前，这种格式依然没有流行起来，在学习之初也不必过多考虑。

一般来说，装饰性的线条或者色块表现的标志等图片可选择 GIF 格式，这样色彩比较干净，图片文件也不会很大；反之，如果是照片，那就要选择 JPEG 图片。某些时候两种格式互换也基本不影响网页的效果，这里面强调的是设计习惯的问题。

回过头看本次示例图片，应该说除了主新闻图片以外，都是设计图片和颜色块，因此可以选择 GIF 格式。在设计的后期可以单独处理主新闻图片为 JPG 格式，然后在 Dreamweaver 中将该图片更换。

● 图像质量设定：GIF 和 JPEG 两种格式都可以在“存储为 Web 所用格式”对话框中设定质量。GIF 主要设定“颜色（数）”，而 JPEG 主要设定“品质”。要把握这样一个原则，在图像质量符合要求的前提下，让图像文件尽可能小些。这里的“大小”是指图像文件的字节数。一般来说，GIF 设定 256 色不会有太大的问题，JPEG 可以设定其质量为 60~80，要根据对话框中图片质量的动态变化做取舍。一般情况下，图片的大小要控制在 100K 之内，个别情况也允许几百 K 的图像存在。

网页设计对图像质量的要求缘于文件的网络传输。在互联网发展的初期，实际网速还没有达到现在动辄数百 K 的速度（虽然很多网络服务标称数 M），因此网页中图像如果太大会迟迟无法显示；即便现在的网速有了很大的改观仍然不能忽视这样的问题，要做到不管在什么样的网络环境中都要尽快地把图文传递到用户面前。实际上这就是一个度的问题：图片大小和图片质量，两者的取舍取决于设计师的把握。

● 其他选项：这里面名为“杂边（Matte）”的选色框在具有透明度的 GIF 图片生成过程中很有用。举个例子，如果在红色背景中放置一个蓝色的圆形标志，那么在存储这个标志的时候，可以为其设定红色的杂变颜色，这样这个蓝色的圆形标志在红色背景中将会有柔和的边缘，避免出现锯齿。其他选项用处不多，利用默认的选项即可。

（2）一切就绪，单击“保存”按钮，会弹出“将优化结果存储为（Save Optimized As）”对话框。

图 1.26 为“将优化结果存储为（Save Optimized As）”对话框。

图 1.26

针对这个对话框要注意以下几点。

● 保存位置：一般在设计之前在项目文件夹中，与 Website 文件夹并列设置一名为“Temp”的文件夹，用来放置临时文件，而 Photoshop 此时生成的图片文件暂放其中，以后可以选择使用。这样做看似麻烦，却也有好处。很多时候需要对图片进行二次处理，这时候原始的图片切片在这里会得到保留；同时，选择图片的方法也避免了在最终的 Website 文件夹中生成过多的图片垃圾。

● 文件名：对于网站首页，可以将其用到的文件命名为“default”或者“index”，这样，所有的系列切片文件就会以该文件命名开头，并辅以数字序号。

● 保存类型：包括只存图片、只存网页文件和两者都存储三种类型。一般选择后者即可。

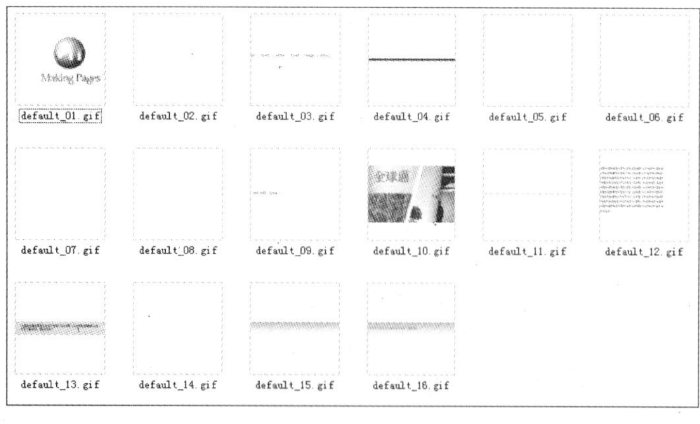

图 1.27

● 切片（Slices）：可以选择特定的切片保存，也可以选择所有的，这取决于前一步对于图片的选择操作。

单击保存按钮，就可以在事先设定好的 Temp 文件夹中找到这些图片了。

注意，这些图片被放置 Temp 文件夹下的名为“images”的子文件夹下，与先前设定的基本网页文件组织格式中的命名是一致的。

图 1.27 为保存好的裁切图片。

1.5　针对裁切图片的表格设计

1.5.1　表格的嵌套设计

本小节具体讲解表格（单元格）的基本特性以及相关的 HTML 语法应用。

表格是静态网页设计的基本结构，成熟的网页设计必须依赖于合理的表格设计和嵌套。利用表格处理裁切好的图片，包括前景图片、背景图片的设置、单元格尺寸以及版式等内容。合理的表格设计可以规范各种设计元素，使网页稳定表现。用表格容纳网页内容，可以方便的定义表格自身和内容物的属性。有关 HTML 语法的学习穿插在利用表格和裁切图片做网页的过程中。

1.4 节曾经利用 Photoshop 生成了一个网页文件。但从笔者的使用经验来看，这个网页文件的表格不易于修改和维护，不如多花些时间自己从头设定表格。静态网页表格设计的依据是已经在 Photoshop 软件中确立的裁切线。现在的问题是，裁切线一般都是不规则的表格，那么如何实现这样的结构呢。

对于不规则的网格设计，建议利用嵌套的形式实现，而不是通过单元格合并等方法。这样做的原因依然是保证表格增删的方便，使得结构清晰，易于维护。当然，这么做容易增加代码数量，但既然选择了 Table+CSS 的设计方法，可以在这一方面宽容些，尽量做到代码精简；如果不能满足需要，则可以选择 DIV+CSS 方案。

图 1.28 为单一表格的不规则结构图 1.28（a）和两个表格嵌套实现的同样结构图 1.28（b）。图 1.28（b）表格与表格之间的间距仅作为示例用，实际应用中可以把表格的边框粗细、单元格边距和单元格间距设为 0 而达到与第一种相同的效果。

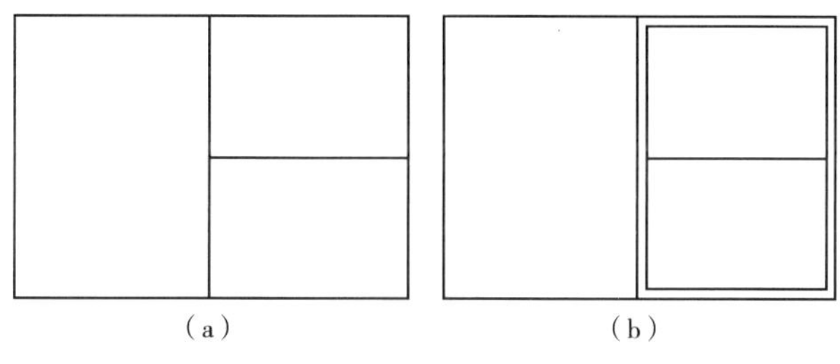

图 1.28

下面着手设计网页。

首先在 Dreamweaver 软件中建立新的网页文件，另存到 Making Pages 文件夹中 Website 文件夹下，可以命名为 default.html 或者 index.html，以作为首页之用。本节采用 default.html 的命名方式。

针对上节课的网页实例，可以确定网页的表格层次。因为在裁切的图片的时候，第一层次划分了水平的四个单元格，因此表格设计第一层次也可以做 4 行 1 列的表格，其中表格宽度根据版式图片的宽度设定为 990px，边框粗细、单元格边距和单元格间距设定为 0。一般来说，表格的高度不需要手工指定，特别是内容比较多的页面，让表格的高度随内容变化即可；即便是需要精确控制高度的单元格，在表格设计之初也暂时不必考虑这个事情。

接下来，针对各层次中的每一个单元格依次进行分析。

第一行：这一行包括了Logo和功能菜单，参照Photoshop中版式图片的裁切线，在这一行的表格中嵌套1行3列的表格，注意，这个内部嵌套表格的宽度建议设为100%，这样做的目的是不必为每一个内部嵌套表格设定具体的像素宽度了。

第二行：这一行比较简单，只是两种颜色水平延展，虽然没有文字信息，但在后面的操作中要将这一行改变为1像素宽的图片以背景图片的形式水平排列，为可能的前景文字放置做准备。这是静态网页背景图片操作的一个重要方面。

第三行：这一行是主要内容区。首先按照这一行的第二层次嵌套1行4列的表格，然后分别在第2列和第4列嵌套同为4行1列的表格，作为第三层次的设置。一般情况下，三个层次的表格嵌套可以解决绝大多数的问题。

第四行：这一行是版权信息行，按照版式图片的裁片设计嵌套1行2列的表格。

至此所有的表格就嵌套好了，虽然单元格的宽度没有设置，但只要确认各个子表格依次嵌套在正确的主表格单元格内就可以了。

图1.29为最终的表格嵌套设计。

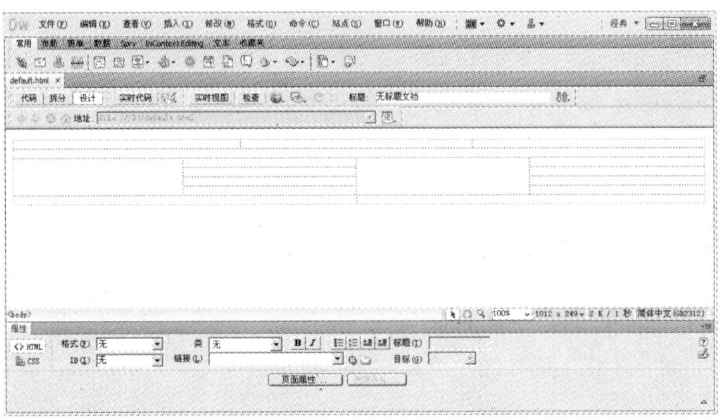

图 1.29

1.5.2 图片插入与调整

1. 插入图片

为了网页方便的链接到所用图片，需要在Website文件夹建立images文件夹，然后将放置裁切图片的Temp>images文件夹中需要用到的文件复制过来，本例需要其中所有的图片文件。

图 1.30

在插入图片之前，要明确鼠标光标的闪动与单元格的位置关系，也就是说必须确定光标闪烁的位置，而这个位置唯一代表了图片将要插入的单元格。

按照Photoshop裁片的顺序号与单元格的对应关系，在Dreamweaver中依次将图片插入default.html文件已设立的各个单元格。在插入图片的过程中，会发生图片“撑挤”单元格而产生单元格宽度与高度的暂时变化，不要因此受到困扰，待到所有的图片都正确的置入到单元格中，整个网页看上去就会与版式图片的规划相同。

图1.30为所有的图片按照Photoshop的裁切顺

序放置完毕。

这里需要强调的是：要先存储网页文件，再插入图片，因为插入网页的图片需要确定自身的相对路径，比如“images/default_01.gif”，这里省略了 html 文件和 images 文件夹共有的路径信息；如果网页没有储存，则网页中的图片路径将会是冗长且容易出错的绝对路径，比如“file：///C |/MakingPages 网站设计 /Website /images /default_01.gif”。

设计网页必须熟练使用相对路径。一定要根据目前使用的网页文件的位置来判断需要定位的文件的路径。路径方向共有三种：外层文件、同级文件、内层文件。这里面提到的“层”概念即文件夹的层次位置。对应三种路径方向。以 sample.jpg 图像文件的引用为例，三种相对路径分别表示为“../sample.jpg”、“sample.jpg”“images/sample.jpg”。

2. 利用 HTML 代码确定单元格尺寸

并不是所有的单元格都需要固定尺寸，但为了设计的一致性和稳定性，建议先期将所有的单元格的尺寸都设定好。经过学习，在以后的实践中可以酌情进行尺寸设定选择。

这里面涉及前景图片和背景图片的关系。虽然结合代码和程序，Dreamweaver 可以实现多层内容的叠加，但对于大多数设计情况，两层结构就足够了——也就是前景和背景。前景内容包括图片和文字等，背景包括了背景颜色和背景图片等。配合单元格的嵌套，就可以实现更多的前景和背景层次。

前景的图片因为自身的长宽属性，可以将没有规定长宽的单元格自动“撑挤”与自身长宽相同的尺寸。背景的图片则不具备这样的特性，因此必须手动将背景图片所在的单元格尺寸调整好，换句话说，在前景图片转化为背景图片之前，要利用前景图片的“撑挤”特性，将单元格尺寸设定好，这是不可忽略的步骤。

在设计视图中选择图片，转到代码视图，相关的代码已经高亮显示（蓝底白字）。以 default_01.gif 为例，其对应的代码为：

```
<img src="images/default_01.gif" width="172" height="109" />
```

这是一行典型的 HTML 代码，它解释了一张图片。<img> 标签标明这是一张图片，其中 src（source 的缩写）代表了图片的路径属性名。它的属性值是“images/default_01.gif”，我们可以解读为这张图片位于与本网页（也就是 default.html）处在同一位置的 images 文件夹中的名为“default_01.gif”的图片。Width 和 height 分别代表宽度和高度，默认单位是像素。

通过 <img> 标签，学到了 HTML 代码属性名和属性值的基本书写方式：

属性名 =" 属性值 "（如果有多个属性名，则属性组之间用空格隔开）

注意，这里面的双引号一定是英文格式的，如果是中文输入法状态下的双引号，则会出现错误。

读懂了这行代码，很容易就找到了这张图片的宽度和高度值，将这组宽度和高度值，也就是代码 width="172" height="109" 粘贴到这张图片所在的单元格，这样单元格就被赋予了相同的长宽属性。和 <img> 标签相似，单元格的标签 <td> 也有自己的 width 和 height 属性。将代码 width="172" height="109" 复制并粘贴至 <img> 前面的 <td> 中，形式如下：

```
<td width="172" height="109">
```

<td> 标签作为 <table> 标签组中最小一级的标签，用处非常多。<td> 可以容纳包

括宽度（width）、高度（height）、背景色（bgcolor）、背景图片（background）、对齐方式（align、valign）、样式与 CSS 样式类（style、class）等诸多属性，辅以特定的属性值，就可以从多个角度定义该单元格及单元格中的图文的样式了。相比较而言，<tr> 应用属性的情形不多。

依照上面讲述的方法，将所有包容图片的单元格的尺寸都规定好。

1.6　单元格内容编排与设计

当所有的表格（单元格）尺寸设置完毕之后，要针对每一个单元格所包含的内容进行编排与设计。这里面牵扯到背景图片的转化、纯文字的转化等，还涉及版式图片的二次裁切。

因为教程编写的原因，网页设计操作流程只能按部就班的一一列举。在设计实践中，依靠熟练技能在某些环节走些捷径也未尝不可，比如图片二次裁切的步骤有些时候也可以省略一部分。

下面针对实例依次研究单元格内容编排的方法。应该说，这个例子虽然不复杂，但可以涵盖大部分静态网页设计的基础内容，具有很强的示范作用。每条内容的序号代表了单元格的序号，也就是 Photoshop 软件裁切图片的序号。

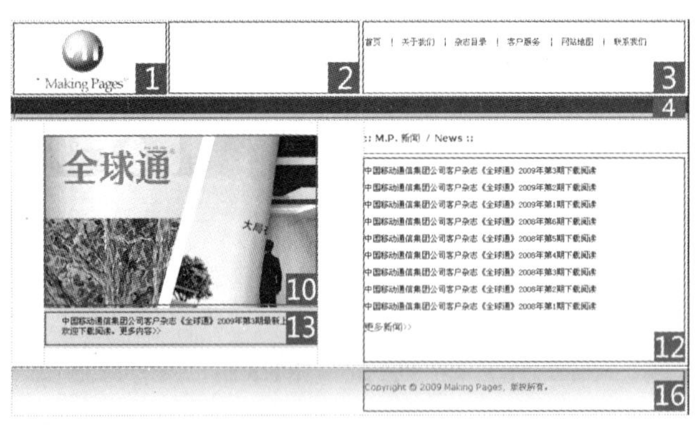

图 1.31

图 1.31 为主要单元格的序号标记，基本涵盖了常用的静态网页设计样式。

（1）Logo 单元格：因为 Logo 被裁切成了适合大小的图片，因此不必做更多的修改。

（2）顶部空白单元格：既可以不动，也可以删掉这个空白的图片（前提是此处的背景颜色和图片一致，比如白色。）

（3）功能菜单单元格：由于新闻条目单元格 12 的设置已经展示了如何精确定位文字，所以这个功能菜单单元格并没有进一步细分。可以把文字与上方的空白看成是一个回车的空间，也可以设定单元格的上边距。总之，要尽量让实际的网页与设计图片相符。另外，如果这张图片的背景图片比较复杂，还应该在 Photoshop 中隐掉文字图层，二次裁切图片。对于示例，只需删掉图片，加入文字，并适当修改文字的样式即可。在 CSS 编写相关章节还要探讨更深入的文字样式控制方法。

相关文字参数为：颜色，#990033；字体，宋体；字号；9pt。

强调以下几点。

- 当在属性面板中调整字体的样式时，Dreamweaver 软件已经自动生成了 CSS，也就是层级样式单，暂不深入研究，放在 CSS 编写相关章节讨论。
- 这一行字本应该作为链接存在，将在 CSS 编写相关章节讨论链接样式的确定，本节下面的内容将不考虑链接。
- Dreamweaver 软件默认的对其方式并不稳定，一般来说应该在相应的单元格 <td> 标签中确立对齐方式，不要依赖默认的对齐方式。本单元格设定左对齐、上对齐，相关代码如下：

<td align="left" valign="top">

当然，<td> 标签中可能还会有其他的属性名与属性值，本例中没有列举，只是针对现时提到的对齐方式列举了两种对应属性，后面类似的情况不再赘述。

Align 属性为水平对齐属性，属性值分别为 left、center、right；Valign 为垂直对齐属性，属性值分别为 top、middle、bottom，其中 bottom 并不常用。

当在代码视图中编写代码的时候，默认情况下，软件会有代码提示，也就是键入属性或属性值的首字母，就会弹出下拉菜单，选择某一项即可，比较方便。一般这种代码辅助编写框在敲入空格键或双引号 " 之后出现。

（4）背景条：很多网站都会有类似的颜色条，作为菜单等内容的放置区域。在 Photoshop 裁切图片之后，这一背景条为宽度 990px 的颜色条，而且目前为前景图片。在固定了本单元格的尺寸之后，要将此图片改变为背景图片，同时将该图片的宽度缩小为 1px。

首先在此单元格中删掉图片 default_04.gif，然后利用 Photoshop 选区工具中的“单列像素选取选择工具”和“图像 > 裁剪”命令将图片 dcfault_04.gif 裁剪为 1px 宽，高度不变，然后存储图片，名称不变。存储时也可以单独将此文件命名为更有意义的名字，比如 bg_up.gif 等，这是一个非常好的习惯。

将光标放置在此单元格中，在代码视图中找到该单元格的 <td> 标签，在 td 后面添加空格，并增加以下内容：

background="images/default_04.gif"

这就是添加背景图片的方法。继续在该 <td> 标签中增加以下属性，来改变 background 的显示方式：

style="background-repeat：repeat-x"

这样，这张 1 像素宽的图片就会沿着 x 轴，也就是水平方向重复排列了。其他属性值还有 repeat-y（沿着 y 轴排列），no-repeat（不排列）等。不设定这个属性则图片沿着 x 轴、y 轴方向满屏排列。

（5）、（6）、（7）、（8）空白图片：参照（2）。

（9）新闻题头文字，参照（3）。

（10）新闻图片：前面讲过，整个网页图片采取了 gif 格式，但一般来说，对于新闻图片，这种格式是不适合的。因此，在正式发布的时候，要按照 default_10.gif 图片的长和宽单独制作一张新闻图片，可以命名为 pic_news.jpg。

（11）颜色线：针对本单元格，有两种方法，第一种参照（4），将线条作为背景；第二种可以删掉 default_11.gif，然后在 Dreamweaver 软件中加入水平线。

Dreamweaver 软件加入水平线的命令为“插入 >HTML> 水平线”。线条的默认状态不符合需要，因此还要在代码中微调。

水平线的代码为 <hr />，相关属性设定（颜色和线条宽度）如下：

<hr color="#990033" size="0.5" />

在本单元格的 <td> 标签中同时加入代码 valign=top，使此线条相对单元格顶部对齐。有时在设计视图中线条的样式有些粗，在浏览器预览之后，就会得到设定的效果。在设计过程中，如果 Dreamweaver 和浏览器的浏览效果有冲突，以后者为准。

（12）新闻条目单元格：除了字体的大小颜色以外，还要注意多行文字的行距属性，也就是 line-height 属性。这个属性的属性值为百分数，比如 150% 等。具体内容在 CSS 编写相关章节中探讨。可以暂时将文字写入，替换掉图片。

对于多行文字要掌握 <p> 和
 的区别。

<p></p> 为段落符，一般成对出现，在设计视图中如果按下回车键（Enter），那么就自动生成了一个段落。

 为换行符，单独出现，作为换行的标志，对应的按键为 Shift+ 回车键。

（13）图片新闻所对应的文字单元格：这个单元格的特点是文字没有贴靠在任意一边，因此可以临时手工加一 3 列 1 行的表格。调整好三列的宽度比例，再将相关文字放入第二列中。实际上，这种临时增加表格的方法在网页设计的过程中经常遇到，因为一些小的结构我们没有必要在 Photoshop 中裁得那么完整，那样会导致图片裁切过于琐碎，为表格创建和嵌套带来麻烦。

虽然单元格有 padding 属性可以实现单元格周边的间距，但根据实践效果来看，在单元格设计比较紧密的网页中，应用 padding 属性很容易造成单元格的错位，慎用。

此外，针对本单元格，还要添加颜色值为 #cccccc 的灰度背景颜色，代码为：

```
<td bgcolor="#cccccc">
```

（14）空白图片，参照（2）。

（15）、（16）参照（3）、（4）。这里特别强调版权符号©的 HTML 代码要写作 ©；的形式。& 和；两个符号之间放置不同的字符串可以表示很多特定符号，除了版权符号外，还有空格（ ；）、大于号（>；）、小于号（<；）、欧元符号（&euro；）、& 符号（&；）、双引号（"；）等。

本节讲了很多内容编排的方法。这里面就有一个问题：为什么很多命令不在属性面板中设置，而是要在代码中修改呢。这既缘于编者的设计习惯，也为全书的 HTML 代码学习早做铺垫，使学习过程循序渐进。

1.7 CSS 编写

1.7.1 CSS 基本格式、类型与位置

本节的开始先从 CSS 的基本特性和基础练习入手，暂时停止对前面示例网页的设计。在这一部分之后将继续针对示例网页的相关模块进行 CSS 样式编写。

1. 基本格式

CSS 格式设置规则由两部分组成：选择器（样式名）和声明（样式内容）。选择器是标识格式元素的术语（如 P、h1、class 类名或 ID 等），声明用于定义元素样式。在下面的示例中，h1 是选择器，介于括号 {} 之间的所有内容都是声明：

```
h1 {
font-size：16px；
font-family：Helvetica；
font-weight：bold；
}
```

声明由两部分组成：属性名（如 font-family）和属性值（如 Helvetica），这和

HTML代码中的样式设定没有本质区别。上面的CSS规则为h1标签创建了一个特定的样式：链接到此样式的所有h1标签的文本都将是16像素大小、Helvetica字体和粗体。

CSS全称中的术语Cascading表示向同一个元素应用多种样式的能力。例如，可以创建一个CSS规则来应用颜色，创建另一个CSS规则来应用边距，然后将两者应用于页面上的同一个文本。

CSS样式编写对于样式更新而言非常便利，在更新某一块内容的CSS规则时，使用该样式的所有文档的相关格式都会自动更新。

2. 软件内置的CSS定义类型

在Dreamweaver中可以定义以下样式类型。

（1）自定义CSS规则（也称为类样式）使您可以将样式属性应用于任何文本范围或文本块。

（2）HTML标签样式重定义特定标签（如h1）的格式。创建或更改h1标签的CSS样式时，所有用h1标签设置了格式的文本都会立即更新。由于这种特性，在更改广泛使用的标签的时候，必须要考虑到更改样式的应用范围，必要的时候利用与专门模块ID结合的办法达到“因地制宜”的效果。

（3）CSS选择器样式（高级样式）重新定义特定元素组合的格式设置，或重新定义CSS允许的其他选择器表单的格式设置（例如，每当h2标题出现在表格单元格内时都应用选择器td h2）。高级样式还可以重新定义包含特定id属性的标签的格式设置（例如，#myStyle定义的样式可应用于包含属性值对id="myStyle"的所有标签）。

3. CSS存在位置

（1）在当前网页中直接定义，CSS只针对本网页中的样式控制起作用，如：

```
<td style="background-repeat : repeat-x ; ">
```

（2）内部（或嵌入式）CSS样式表：是一系列包含在HTML文档文件头部分的style标签内的CSS规则，如：

```
<style type="text/css">
.bgStyle {
background-repeat : repeat-x ;
}
</style>
```

引用此选择器（bgStyle）的代码需写作：

```
<td class="bgStyle">
```

（3）外部CSS样式表：是一系列存储在一个单独的外部CSS（.css）文件（并非HTML文件）中的CSS规则。利用文档文件头部分中的链接，该文件被链接到Web站点中的一个或多个页面并发挥作用。外部CSS样式表的编写方法和内部CSS样式表相同，只是不必在CSS文件中写入<style></style>封闭结构。

三种样式的编写在1.7.2小节会具体讲到。

Dreamweaver会呈现在“文档”窗口中直接应用的大多数样式属性。也可以在浏览器窗口中预览文档以查看样式的应用情况。有些CSS样式属性在Microsoft Internet Explorer、Netscape Navigator、Opera和Apple Safari中呈现的外观不相同，有些目前不受任何浏览器支持。本书只关注IE的表现，有兴趣的读者可以在多个浏览器中检验自己的设计成果。

1.7.2 CSS 编写实践

通俗地讲，CSS 即是用来控制文本等网页元素样式的代码；如果存在多个位置的代码，那么距离所要控制元素最近的那组代码将起作用，而这组代码没有规定的其他样式项目则依次由其他层级的代码来控制。

首先来了解 CSS 的三种不同位置，并熟悉它们的作用。

1. 直接定义

新建 HTML 文件，在设计视图写入几个字（文件可以存储为 cssexe_01.html）：

CSS 编写实践

然后在代码页中，可以发现这几个字位于 <body></body> 标签的控制之下。某种程度上，<body> 标签的控制方法与前面提到的 <td> 是相似的。在 <body> 标签中加入以下代码：

```
<body style="font-size : 9pt ; color : #FF0000">
```

这就是距离所控制元素最近的 CSS 控制代码了。此代码由 style 标签定义。要注意，在 style 标签中设定的属性名和属性值的编写形式不同于以前讲到的单独样式控制，两种格式对比如下：

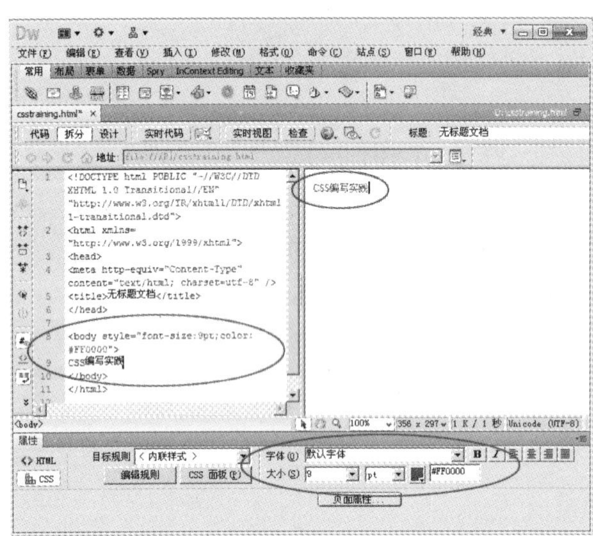

图 1.32

单独样式控制：属性名 =" 属性值 " 属性名 =" 属性值 "…

Style 标签设定：style=" 属性名：属性值；属性名：属性值…"

某些时候，同样的属性在两种形式中属性名称不同，不要混淆。

图 1.32 为 CSS 样式的直接定义。圈选的三个部分为同步关系，比如，CSS 代码编写之后，属性中的 CSS 模块相关属性（字体大小、颜色等）就随之设定好了。

2. 内部（或嵌入式）CSS 样式表

这种 CSS 样式编写方式 Dreamweaver 软件可以自动生成，但版本不同，操作步骤略有区别。下面仅以 Dreamweaver CS5.5 为例进行说明。

新建 HTML 网页，在设计视图中依旧输入以下文字：

CSS 编写实践

用鼠标选中所有文字，使其高亮显示。选择属性面板的 CSS 模组，在字体大小下拉菜单中选择 9pt，随之弹出“新建 CSS 规则”对话框。这个对话框用来设定内部 CSS 样式表，软件会自动生成相关代码。

在“为 CSS 规则选择上下文选择器类型”部分选择相关 CSS 类型，常用的有三种：

（1）类：使用 . 语法（点语法）定义选择器，使用 class 调用选择器。比如定义 .cssStyle 样式，然后使用 class="cssStyle" 调用该样式。CSS 具体代码为：

```
<style type="text/css">
```

```
.cssStyle {
    font-size : 9pt ;
}
</style>
```

点语法与 class 成对出现的用法在 Table+CSS 架构的静态网页设计中较为常用。

（2）ID：使用 # 语法定义选择器，使用 id 调用选择器。比如定义 #cssStyle 样式，然后使用 id="cssStyle" 调用该样式。CSS 具体代码为：

```
<style type="text/css">
#cssStyle {
    font-size : 9pt ;
}
</style>
```

与 id 成对出现的用法在 DIV+CSS 架构的静态网页设计中较为常用，将在下一章进行介绍。

（3）标签：使用 HTML 特定标签定义选择器，特定标签就会自动引用该样式。比如定义 body 样式（注意，body 前既无 . 也无 #），<body> 标签就自动使用该样式。CSS 具体代码为：

```
<style type="text/css">
body{
    font-size : 9pt ;
}
</style>
```

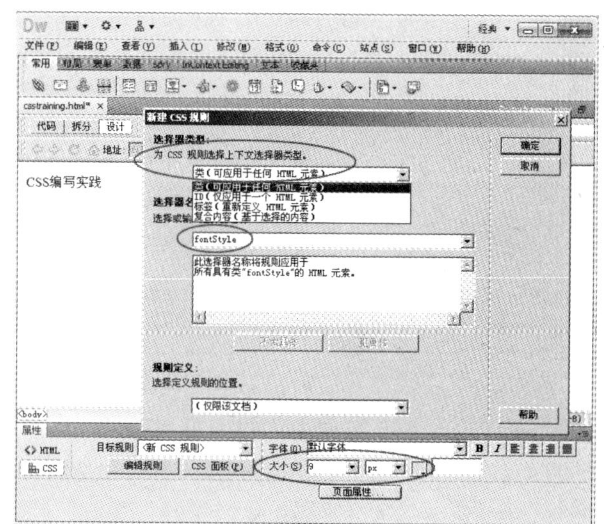

图 1.33

图 1.33 为新建 CSS 规则对话框，圈选部分为 CSS 编写需要特别注意的部分。

再比如，下面的样式标明单元格里面所有的文字段落行距为 150%。

td{line-height : 150%}

3. 外部 CSS 样式表

前面讲到的内部样式表只能控制本网页中的元素样式，如果两个或两个以上的网页具有相同的样式，如何统一控制呢。这就需要编写外部 CSS 样式表文件。这类文件以 .css 扩展名文件的形式出现，如 style.css。

图 1.34 为在“新建文档”对话框中选择 CSS 页面类型。

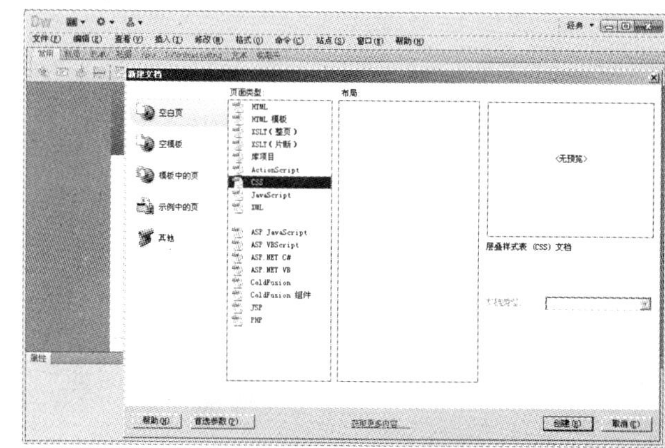

图 1.34

在 Dreamweaver CS5.5 软件中选择“文件 > 新建”，在“新建文档”对话框中选择“空白页”选项卡中的“CSS”项。单击“创建”按钮，就建立了一个 CSS 样式表文件。将它存储到 Website 或者 Website>images 文件夹下，命名为“style.css”，本例选择后者。在 DIV+CSS 布局中，由于 css 文件种类较多，也习惯设立专门的 css 文件夹。

此 CSS 文件有一个预先写好的题头“@charset "utf-8" ; /* CSS Document */”，可以在它的下面另起行开始写入样式。编写的 CSS 样式代码与前面讲的“内部 CSS 样式表”相同。内容举例如下：

```
@charset "utf-8" ;
/* CSS Document */
.cssStyle {
font-size : 9pt ;
}
```

最后存储文件。这样，CSS 样式被单独存储在独立的文件中。

接下来，需要将每个需要此样式控制的网页与这个 CSS 文件建立联系。

第一，在工作区中选择当前网页文件，也就是需要被设定样式的文件（即目标网页）。找到软件右侧的 CSS 面板（或者单击菜单“窗口 >CSS 样式”打开，快捷键为 Shift+F11），在面板的下方找到“附加样式表”按钮；单击按钮，在“链接外部样式表”对话框中的“文件 /URL”文件选择框右侧单击“浏览”按钮，选择前面建立的 style.css 文件。

此时目标网页代码视图中 <head> 标签中就会出现以下代码：

```
<link href="images/style.css" rel="stylesheet" type="text/css" />
```

这行代码标明已经链接到了外部的 CSS 样式表文件。它相当于前面讲到的 <style></style> 标签，只不过这种外部链接的方法可以只用一个样式表文件来可以控制多个网页。

第二，在可以控制到文本“CSS 编写实践”的标签模块中写入 class 类名称以指向 CSS 代码。对于本例，修改后的代码如下：

```
<body class="STYLE2">
CSS 编写实践
</body>
```

回到设计视图，文字已经被赋予了 9pt 和红色两种样式。

图 1.35 为目标网页链接外部 CSS 文件，圈选部分为“附加样式表”按钮。

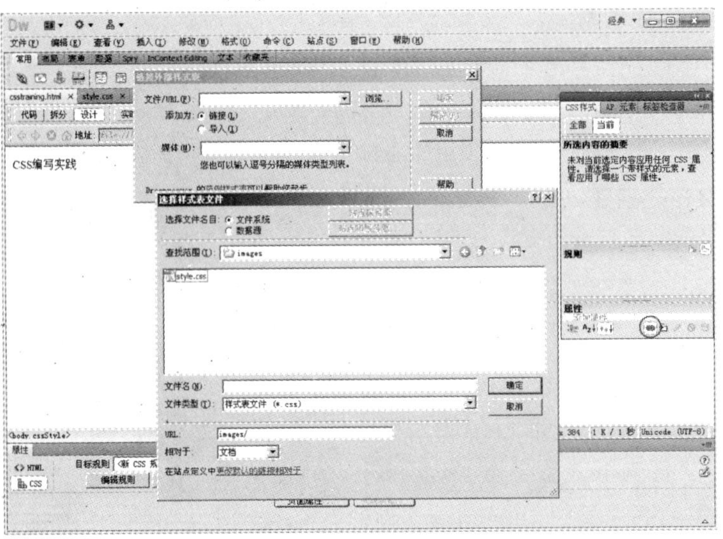

图 1.35

计算机默认的 CSS 编写方法为第二种，即内部（或嵌入式）CSS 样式表。比如，为某一段文字确立样式时，在选择第一个种类（比如字体大小）时就会提示生成选择器。为选择器命名，也就是定义了一个点语法 CSS 样式名称，如 .cssStyle。如果继续为该文字赋予样式（比如颜色），将不再提示生成选择器，此样式的相关代码将补充至 cssStyle 样式中。比如，在字体大小样式后继续赋予红色，则代码修改为：

```
<style type="text/css">
.cssStyle {
    font-size : 9pt ;
    color : #F00 ;
}
</style>
```

无论是第二种［内部（或嵌入式）CSS 样式表］，还是第三种（外部 CSS 样式表），只要网页和 CSS 样式有了联系，在网页属性面板中的“类”下拉框中就可以看到样式表中所定义的各样式名称，比如本例中的 cssStyle。网页中如果有多个文本块需要加载样式，只需选择相应的文字，再选择某个样式即可。对于 <p> 标签定义的文字，甚至只需将光标放在段落的任何一个地方，选择相应的样式名就可以改变整段文字的显示效果。这种方法在处理多个网页中的多段文字时很方便。

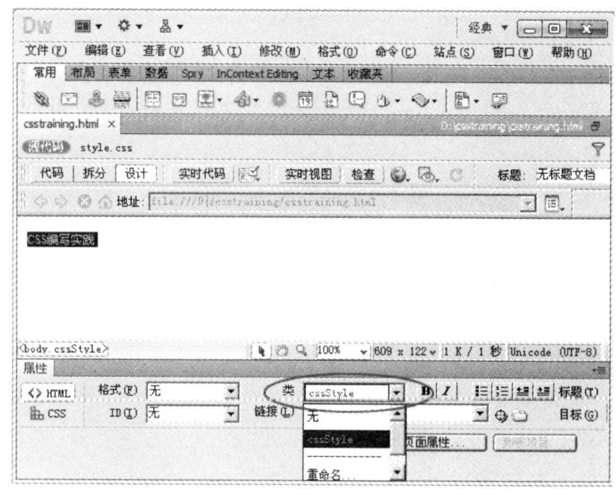

图 1.36

图 1.36 为属性面板中的“类”下拉框（圈选部分）及其中的选择器名称。

本书针对于首次创建和编写 CSS 的情况进行讲解。实际上，当开始大量设计网页的时候，很多成熟的 CSS 文件都可以在适当修改后重用，不必每次都要重新建立。毕竟，静态网页的基本元素和样式是有限的，对于不同的网站，往往只有文字颜色等特定的几种样式需要修改。

1.7.3　超链接与 CSS

超链接的样式最适宜用 CSS 来控制，除了直接编码，还可以通过设计视图的“页面属性”对话框来实现。

利用 Dreamweaver 软件可以方便的设定一些全局 CSS 样式。点击属性面板中的“页面属性”选项，弹出“页面属性对话框”。在左侧的分类列表中可以看到常用的几种页面属性定义类别。

1. 外观（CSS）

这一部分主要设定网页全局的字体样式、背景色、背景图片以及网页页面的边距。字体样式同时作用于表格的单元格中；背景图片需要具备一定的重复性，文件一般不易过大；如果要取消网页默认的边距，一般将左边距和上边距设定为 0 就可以了，右边距和下边距可不必设定。

所有的样式设定结果最后体现在内部 CSS 样式表中。

图 1.37 为“页面属性”面板中针对外观（CSS）部分的样式设定。

图 1.38 为针对外观（CSS）部分的样式设定结果（代码视图和设计视图）。

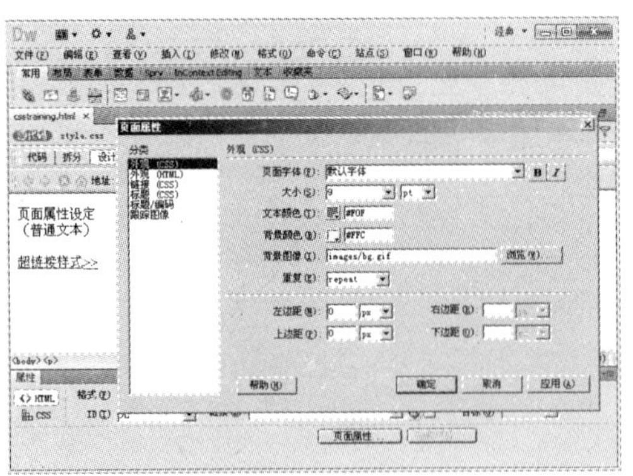

图 1.37

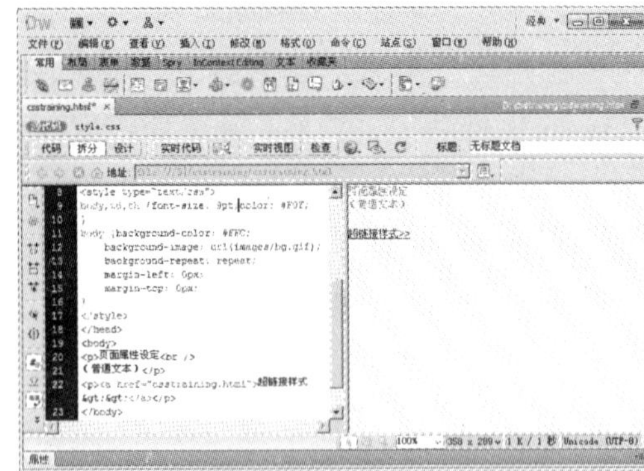

图 1.38

2. 外观（HTML）

这一部分的设定和外观（CSS）相似，但增加了超链接的样式。需要注意的是，所有的样式设定结果最后体现在页面 body 部分的 HTML 代码中。由于如此设定超链接所体现的变化有限，编者不推荐这种编写方式，此处不再详细讲解。

图 1.39 为“页面属性”面板中针对外观（HTML）部分的样式设定。

图 1.40 为针对外观（HTML）部分的样式设定结果（代码视图和设计视图）。

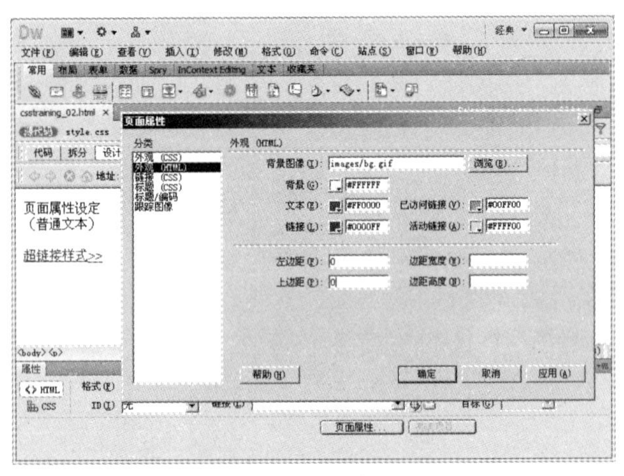

图 1.39

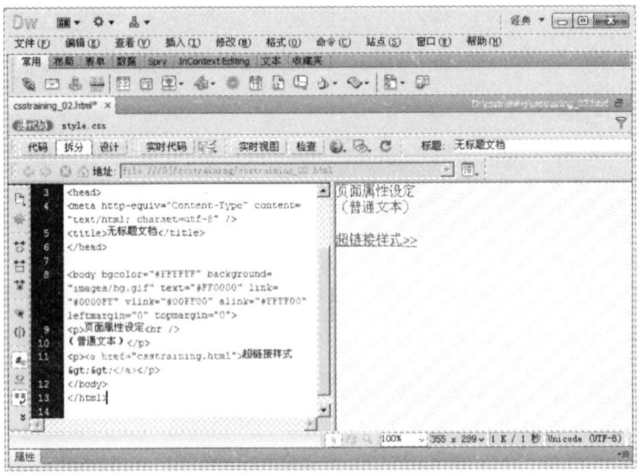

图 1.40

3. 链接（CSS）

推荐使用这一部分来为网页进行超链接的初步设定。

图 1.41 为利用链接（CSS）进行超链接样式设定。

除了对链接字体的设定，重点考察四种颜色状态。首先为超链接的四种颜色状态（链接颜色、变换图像链接、已访问链接、活动链接）分别设定四种对比强烈的颜色（如红、绿、蓝、黄），然后在预览的过程中考察四种颜色分别对应的链接状态。当然，为了看到四种颜色的变化，页面中必须存在超链接文本。本例中，超链接文本为“超链接样式 >>”。

通过预览，理想状态下将看到四种颜色的变化：第一种为链接状态，对应“链接颜色（红色）”，表明超链接未被点击，也就是链接目标文件未被打开时的状态。第

图 1.41

二种为变换图像链接状态，即鼠标滑到链接文字上方的状态，也就是编程时涉及的“onMouseOver”事件，对应变换图像链接颜色（绿色）。第三种为已访问链接状态，表明该链接被点击，或者目标链接文件被访问过，对应已访问链接颜色（蓝色）。第四种为活动链接状态，表明鼠标在超链接中按下但未松开（release）的状态，对应活动链接颜色（黄色）。

预览文件，往往第一种链接状态将很难被捕捉到，因为我们设定的目标链接文件基本都被访问过了，所以网页设计项目中的超链接颜色大多呈现已访问链接颜色。基于此，在设计中要将链接颜色和已访问链接颜色统一起来，这样才可以和将来网站发布的时候访问者看到的链接颜色同步。如果要设定不同的已访问链接颜色，可以在网站设计完毕的时候统一修改。

如此设定之后，在代码中将看到以下 CSS 样式的添加：

```
<style type="text/css">
a {font-size : 9pt ; color : #F00 ; }
a : visited {color : #00F ; }
a : hover {color : #0F0 ; }
a : active {color : #FF0 ; }
</style>
```

第一种状态 a 也可以写作 a : link。Link、visited、hover、active 分别对应了前面讲过的链接颜色、变换图像链接、已访问链接、活动链接四种状态。由于 CSS 文件的可逆性设计，熟悉了代码之后，也可以不使用“页面属性”对话框进行设置，直接在 CSS 文件中加入这些代码即可。

链接（CSS）部分还可以设定超链接下划线状态，分别为始终有下划线、始终无下划线、仅在变化图像时显示下划线、变化图像时隐藏下划线四种状态。在超链接 CSS 样式代码中加入 text-decoration 属性，设定其 none（没有下划线）和 underline（有下划线）两种属性互相配合，也可以实现这四种效果。以下代码实现了“仅在变化图像时显示下划线”状态。

```
a : link { text-decoration : none}
a : visited { text-decoration : none}
a : hover { text-decoration : underline}
a : active { text-decoration : underline}
```

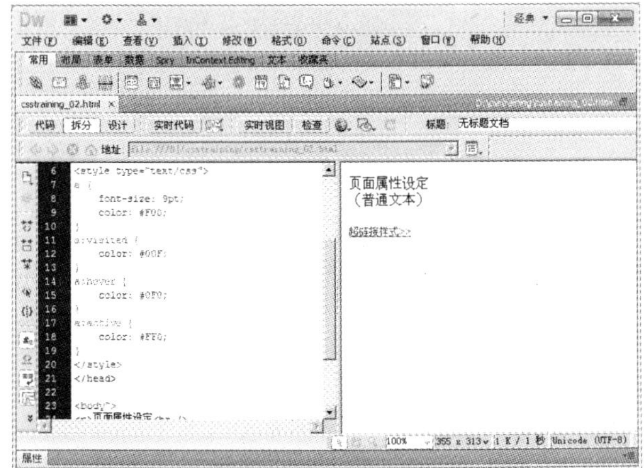

图 1.42

图 1.42 为针对链接（CSS）部分的样式设定结果（代码视图和设计视图）。

以下为另外一种超链接样式代码：

```
a : link{color : #FF0000 ; }
a : hover{color : #00CC00 ; }
a : visited{color : #3333CC ; }
```

```
a：visited：hover{color：#00CC00；}
```

这段代码不同的地方在于将 visited 状态放置在 hover 状态后面，然后外加 visited：hover 来实现已经访问过的链接的 hover 效果；另外不再使用 active 效果，以维持点击时状态无变化。

一般说来，如果网页中同时具有浅色背景和深色背景，那么设定两种以上的链接样式是必要的。可以在基础样式的基础上结合点语法来分别定义。以下代码设定了另一个超链接，样式名为 alt：

```
a.alt：link {color：#666666；}
a.alt：visited {color：#666666；}
a.alt：hover {color：#000000；}
a.alt：active {color：#999999；}
```

超链接代码 <a> 中用 class 属性链接此样式，代码为：

```
<a href="sample.html" class="alt"> 另一个链接形式 >></a>
```

<a></a> 超链接锚点（anchor）定义了超链接的形式。其典型属性有 href（链接目标）、class（超链接 CSS 样式名）、target（确定网页弹出的方式）等。除了整个网页，网页中特定的某个位置也可以作为链接的目标。首先，目标网页的特定位置需要 id 属性定义，比如：

```
<p id="objHere"> 特定位置目标 </p>
```

然后在源网页中调整 <a> 标签为：

```
<a href="objPage.html#objHere"> 去 objPage 网页的特定位置 objHere</a>
```

这样在源网页中点击链接，网页链接至 objPage.html 的同时，自动跳转到“特定位置目标”文字所在的位置。

1.7.4 示例网页的 CSS 编写

针对前面讲述的 CSS 编写方法，包括超链接的设计，继续以版式图片样式为根据，为示例网页建立 style.css 样式表。

（1）字体：首先定义 body、td、p 等容器的默认字体，字号为 9pt，字体为宋体，行距为 160%，颜色为“#333333”。代码为：

```
body,td,p{
font-size：9pt；
font-family：宋体;
line-height：160%；
color：#333333
}
```

新闻条目上方的“：：M.P. 新闻 / News ：：”字样字体为 10.5pt，因此单独设立了名为“td105pt”的 CSS 样式名，强调 10.5pt 的字体大小和颜色。代码为：

```
.td105pt{
font-size：10.5pt；
font-family：宋体;
line-height：160%；
```

```
color : #990033
}
```

名为“tdDown”的第三种自定义字体定制了网页下方的版权页字体，以 Verdana 为主，辅以宋体。代码为：

```
.tdDown{
font-size : 9pt ;
font-family : Verdana, 宋体;
line-height : 160% ;
color : #333333
}
```

（2）超链接：在设计初期，可以将网页相关的超链接链接自本身，随着设计进程的深入再作修改。

超链接的 CSS 代码与上一节提到的基本相同，只是要根据本网页设定的颜色、字体等将相关属性调整好。默认超链接样式代码为：

```
a : link {color : #990033 ; text-decoration : none}
a : visited {color : #990033 ; text-decoration : none}
a : hover {color : #cc0066 ; text-decoration : underline}
a : active {color : #cc0033 ; text-decoration : none}
```

由于功能菜单的链接字体和新闻条目“更多新闻”条目字体样式不同，因此还要设定第二种链接字体，样式命名为“alt”，并在“更多新闻”链接的 <a></a> 标签中引用。由于此 CSS 样式不改变颜色，只是改变的字体的大小，因此可以精简代码为：

```
a.alt{font-size : 10.5pt}
```

此外，还要为各个新闻条目链接设定第三种自定义超链接样式，名为“news”。代码为：

```
a.news : link {color : #333333}
a.news : visited {color : #333333}
a.news : hover {color : #cc0066}
a.news : active {color : #cc0033}
```

到这里，从视觉角度看，所有的字体、图片，包括超链接样式就设定好了。

除了链接至 Website 目录中的网页，再介绍几种链接形式如下：

● 已有网站：也就是完整 URL 链接。下面的代码将链接至编者的个人博客：

```
<a href="http : //blog.sina.com.cn/vgdesign"> 一锅新浪博客 </a>
```

代码中的 http : // 也可以根据服务器类型替换为其他形式，比如 ftp : //、mms : // 等。

● 邮箱：指向电子邮箱的链接可以自动调出操作系统默认的邮件撰写软件，比如 Outlook Express 等，并自动输入链接所指定的邮箱。下面的代码将向编者的电子邮箱写邮件：

```
<a href="mailto : liuliwei@msn.com"> 联系我们 </a>
```

● 文件：一般来说，图片文件、压缩文件等都可以作为链接目标，但不提倡直接连接 exe 执行文件，避免感染病毒或被安全软件屏蔽。为了安全起见，可以将 exe 执行文件打包为 rar 文件再作为超链接对象。下面的代码将链接相关的电子杂志压缩包：

<a href=" gotone/emag/gt_emagazine_v46.rar" class="news"> 中国移动通信集团公司客户杂志《全球通》2011 年第 3 期下载阅读 </a>

图 1.43 为赋予 CSS 之后的实例网页。

图 1.43

经过本节 CSS 样式的讲解和示例文件 CSS 样式的创立，示例网页的基本功能已经实现。下一节结合 HTML 代码的总结，继续调整和完善本网页。

1.8 网页设计收尾与总结

1.8.1 网页设计收尾

前面几节针对版式设计、表格设计和 CSS 编写等重要的知识点将网页的结构和功能基本实现完毕。在提交或上传网站之前，还要进一步完善网页的设计。当然，这部分内容会因每个网页的设计不同而有区别。

1. 网页边距和水平位置

在默认状态下，Dreamweaver 会在网页的四周，特别是上方和左方留出一定的默认边距。可以针对自身网页特点在“页面属性”对话框中进行设置，保留或去除此边距。

考察国内外网页设计实例，可以大体得出这样的结论：国内网站多是居中排列，国外则有相当数量的网站为左对齐排列。Dreamweaver 软件默认的水平对齐方式为“左对齐”。如果要将网页居中对齐，可以通过 <center></center> 标签与 <body></body> 标签配合来实现，代码为：

```
<body>
    <center>
    网页代码
    </center>
</body>
```

编写代码之后，不仅仅是网页整体，网页中每一个单元格的元素都已经居中排列了，这对于某些单元格是不合适的。利用 <td> 标签的 align 和 valign 属性，分别设置其水平排列和垂直排列方式。一般来说，垂直顶端排列，也就是 valign=top 这个属性对于网页设计是很有帮助的。

2. 网页背景

背景图片一般为可重复排列且无缝拼贴的图片，也就是沿着 x、y 两轴排列的图片。特殊情况下也需要单轴排列的情形，Making Pages 网页就属于这种情况。考察本网页发现它具备水平方向的排列特性，也就是说它的大部分内容结构都跨整行布局的。但因为网页设计图片宽度的限制，只能显示 990px，如果可以在各种显示宽度下都能在 x 轴满屏延展就能让网页的视觉效果更加流畅，并在一定程度上消解 Photoshop 图片设计的痕迹。

为了实现这样的背景效果，需要 1px 宽的图片作为背景图片，它的高度是网页版式图片的整高。为了避免破坏先前 Photoshop 图片的裁切结构，可以将前面建立的“PicDesign”文件夹中的 default.psd 创建一个备份，重命名为 bg.psd。在 Photoshop 中打开 bg.psd，选择“视图 > 清除切片”，这样在生成图片的时候就可以避免将 1px 宽的图片切碎。

在 Photoshop 中选择“单列选框工具”，在版式图片中仅包括需要水平延展元素之处点击，再利用“图像 / 裁剪”命令将其裁为 1px 宽，560px 高的图片，存储名为 bg.gif 的图片放置在 images 文件夹中备用。

回到 Dreamweaver 软件，利用页面属性对话框，或者编写代码，将此图片作为网页背景图片水平排列即可。这里要注意的是，网页的背景图片（针对 <body> 标签）的优先度是最低的，网页中任何单元格设定的其他背景图片都会覆盖它。另外，当背景颜色和背景图片并存的时候，背景图片优先背景颜色显示。熟练掌握这些规则，可以实现比较复杂的背景显示效果。

图 1.44 为背景图片的选择位置示意（箭头标示），当然这种位置不是唯一的。

图 1.45 为网页完成稿，在 1280px 宽屏幕中的截图，注意背景图片沿水平轴的无缝延伸。

图 1.44

图 1.45

3. 标题（title）

网页标题可以在浏览器的标题区域（比如 IE 的左上方）内显示网页的基本信息或欢迎文字。可以在 Dreamweaver 网页容器上方的“标题”文本框中输入相关文字，比如：

欢迎访问 Making Pages 网站！

也可以在 HTML 代码中的 <title> 标签组输入同样的文字，替换已有的“无标题文档”字样。

图 1.46 为网页标题的设定，圈选的三处都与此有关。

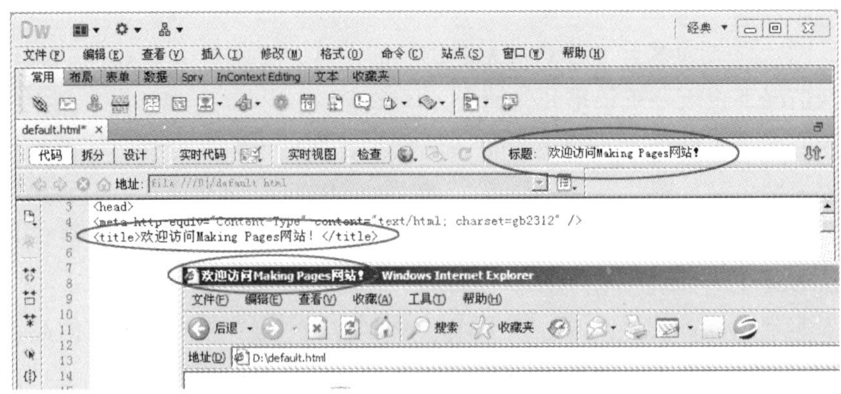

图 1.46

到这里，Making Pages 示例网页设计就算完成了。但由于网页设计技术过于琐碎纷繁，因此有时间和机会还应该在各种网站实例中理解并掌握新事物，下面继续举几个例子。

4. 图片的解释文字

当鼠标放在图片上，可以弹出文字对图片进行解释；如果图片无法加载，这段解释文字还可以作为替代文字在一定程度上弥补网页的信息缺失。解释文字的属性名为 alt，示例代码如下：

<img alt=" 在这里放置图片的解释性文字 ">

图 1.47 为 MSN.com 的图片解释性文字（左）和图片缺失时替代性文字的显示（右）。

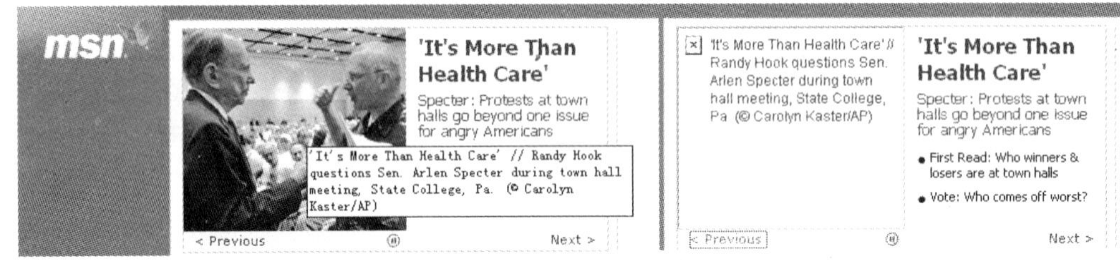

图 1.47

5. 关键字（Keyword）和网页描述（Description）

诸如 Google 或 Baidu 这样的搜索引擎可以在海量的网站中搜索到特定信息的页面，并给出网站的基本描述信息。虽然这种搜索结果有可能被商业行为左右，但作为网页的基本属性，设定关键字和网页描述是一个好习惯。这两者在位于 <head> 模组的 <Meta> 标签中设定，代码举例如下：

<meta name="Keywords"content=" 全球通 , 客户杂志 , 中国移动通信 ">

<meta name="Description" content=" 中国移动通信客户杂志《全球通》网络版 ">

要注意分隔符 “,” 应该是英文输入状态的。

1.8.2 HTML 代码总结

前面的章节已经讲到了部分 HTML 代码的类型和编写方法。下面将常用的 HTML

语法总结为一个网页代码模块，作为 HTML 代码入门学习和基本网页设计项目之用。代码模块如下：

```
<html>

<head>
<title> 网页标题 </title>
<link href="style.css" rel="stylesheet" type="text/css" />
<style type="text/css">
<!--
.tdStyle{
font-size : 9pt ;
color : #000000 ;
}
a : link {color : #990033 ; text-decoration : none}
a : visited {color : #990033 ; text-decoration : none}
a : hover {color : #cc0066 ; text-decoration : underline}
a : active {color : #cc0033 ; text-decoration : none}
a.alt{font-size : 10.5pt ; }
-->
</style>
</head>

<body topmargin="0" leftmargin="0" bgcolor="#ffffff" background="images/bg_body.gif">
<center>
<!—这是解释性代码 -->
Hello World!
<p>Hello China!</p>  <DIV></DIV> <span></span>
<table width="900px（或 100%）"cellspacing="0" cellpadding="0" border="0">
  <tr>
      <td width="60px" height="45px" align="left（或 center/right）" valign="top（或 middle/bottom）"bgcolor="#f00" background="images/bg_td.gif" style="background-repeat : no-repeat（或 repeat-x/repeat-y）" class="tdStyle">HTML 代码总结
  </td>
</tr>
</table>
<hr size="0.5" color="#888888">
<img name="myImg" id="myImg" src="images/index_01.jpg" border="0" width="200px" height="100px">
<a href="http : //www.helloeveryone.com/"  href="sub.html" target="_blank（  或 _self
```

```
等）" class="alt"> 超链接 </a>
    </center>
    </body>

    </html>
```

在以上总结的代码模块基础上，针对不同类别的代码可以进行扩充学习。下面根据编者的推荐整理一部分，应该说都具备一定的基础性或代表性。

（1）字体标签（字型变化），代码为：

```
<b> 粗体 </b>
<i> 斜体 </i>
<u> 底线 </u>
<sup> 上标 </sup>
<sub> 下标 </sub>
<strong> 加强 </strong>
```

图 1.48 为字体标签呈现出的各种样式。

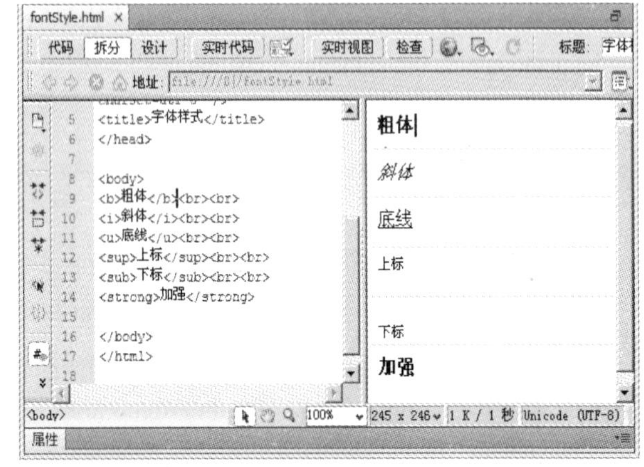

图 1.48

（2）图片边框，代码为：

```
<img src="sample.jpg" border="0">
```

其中，border 属性设定边框大小，通常都设成 0 或者 1。结合代码的提示功能，可以在 img 标签的 style 样式表中找到 bottom-collapse、bottom-color、border-spacing 等属性，以实现多种图片边框样式。一般来说，确定了样式的边框才会正确的显示边框宽度。

对于 Table 等模块元素，它的边框与上面所讲的各类属性是相似的。

图 1.49 为表格边框样式与对应代码。

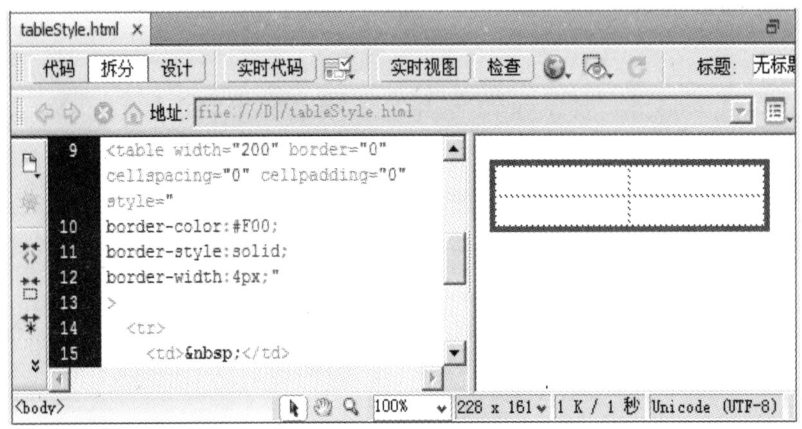

图 1.49

（3）无序标签和有序标签：

无序标签的代码为：

```
<ul type=" disk “>
```

```
<li> Line 1</li>
<li> Line 2</li>
<li> Line 3</li>
</ul>
```

可以通过设计 <ul> 中的 type 属性值来改变列表符号的样式。属性包括以下三种符号形状：disk（实心圆）、square（小正方形）和 circle（空心圆）。

和无序标签对应的是有序标签，代码为：

```
<OL type="1">
<LI>Line 1
<LI>Line 2
<LI>Line 3
</OL>
```

有序标签 type 属性分为 1（数字）、A（大写英文字母）、a（小写英文字母）、I（大写罗马字母）、i（小写罗马字母）等五种。

可以在前面讲到的网页实例中应用这些标签样式，比如主内容区中的超链接条目。标签可以赋予标题序列直观的区分，同时也赋予了整个内容区适宜的行距，是比较实用的 HTML 语法。

图 1.50 为无序标签和有序标签样式及对应代码。

图 1.50

（4）表单：平时使用计算机和上网的过程中会经常接触到各种表单形式，如按钮、文本框、下拉菜单等。表单元素与程序设计的联系很大，有时需要设计人员将表单的样式设计妥当，但可以不必实现其功能，因为这大多需要服务器端编程。通过 Dreamweaver 中的“插入 > 表单”菜单或者表单工具栏可以发现不同的表单形式并方便的引入到网页中来。

● 使用表单工具栏和属性面板设定表单。

这一部分以选择（列表 / 菜单）表单，也就下拉菜单为例进行讲解。首先选择表单工具栏（默认“常用”工具栏的右侧），在其中点击“选择（列表 / 菜单）”按钮，连续选定两个对话框，页面上就生成了一个基本样式的下拉菜单。在设计视图中选择下拉菜单，点击属性面板中“列表值”按钮，弹出“列表值”对话框。在这个对话框中依靠文本填写和“+”、“-”按钮可以为下拉菜单预置项目，比如本例中的“苹果、橘子、香蕉”等。

图 1.51 为使用表单工具栏和属性面板设定下拉菜单，圈选部分为相关工具、代码与样式。

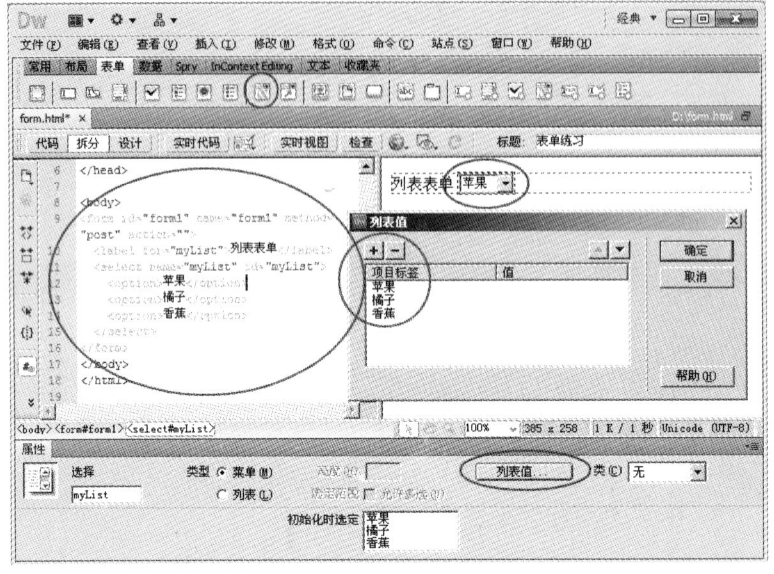

图 1.51

● 使用代码设定表单。

这一部分以文本框为例进行讲解。

文本框的基本示例代码如下：

```
<FORM>
<INPUT type="text" name="name" size="20" value=" 请在此输入姓名 "
maxlength="10">
</FORM>
```

其中，type 代表了 INPUT 表单的子类，也就是文本框（text）；name 代表文本框的表单名称，以便程序调用；size 设定文本框宽度；value 用来设定此一栏位的预设内容；maxlength 设定此一栏位可设定输入的最大长度。

除了以上基本属性，还可以为 INPUT 标签赋予 CSS 样式来进行更多的自定义设计，示例代码如下：

```
<FORM>
姓名：
<INPUT
style="background：#FF9；
border-style：solid；
border-width：1px；
border-color：#F00；"
type="text" name="name" size="20" value=" 请在此输入姓名 " maxlength="10">
```

```
</FORM>
```

以上 style 样式组分别规定了文本框的背景色（background）、边框样式（border-style）、边框宽度（border-width）和边框颜色（border-color）等。这种对文本框样式的再设计适合于游戏网站、电影网站等特色鲜明的设计项目。

图 1.52 为文本框表单的常用代码以及样式。

图 1.52

（5）框架网页：本书示例网页为单一结构的网页。除此之外，有时会浏览到框架结构的网页。框架结构至少需要三个以上的网页进行组合。其中，一个为定义框架的网页，用来生成两个网页容器；另外两个网页分别置入这两个框架容器中，基本代码如下：

```
<HTML>
<HEAD>
<TITLE> 框架网页 </TITLE>
</HEAD>
<FRAMESET cols="120,*" >
  <FRAME SRC="a.htm" NAME="1">
  <FRAME SRC="b.htm" NAME="2">
</FRAMESET>
</HTML>
```

上面的例子中，cols 属性定义了左右结构的框架网页，rows 属性定义了上下结构的框架网页。* 号表示第二个容器的宽度或高度不设定固定值，随整个框架网页的宽度或高度减去第一组定义好的宽度或高度而定。

HTML 静态网页是一个严谨的编码系统和知识体系，在编写和研究 HTML 代码的过程中也要本着“一丝不苟”的原则，绝对不能“差不多”，因为对于代码，每一个细微的错误，哪怕是大小写的替换，有时也会产生错误。

本书没有提到的 HTML 代码在网页设计的学习阶段相对而言使用频率不高。学习的过程中要把设计思想和方法放在首位，设计技巧可以随着设计实践的深入而不断丰富。

1.9 网站发布

1.9.1 网站发布简介

结束网站设计，Website 文件夹中的内容即是最后要上传的内容，一般包括网页文件、图片文件夹和 CSS 样式文件等。

完成的网页设计文件位于计算机硬盘中，而平时上网浏览的网页文件却存在于异地的服务器中，因此发布的过程可以理解为将网页文件（包括图片等其他文件）由本地计算机复制到异地的服务器。具体说来，就是将 Website 文件夹中的内容复制到服务器设定的专有文件夹中。以万网提供的 I 型空间为例，对应于 Website 这一级别的文件夹名为 htdocs，也就是网站的根目录文件夹。

网站空间分为免费和收费两种。免费网站空间适合于初学者实验之用，一般来说稳定性较差，而且有莫名其妙被关闭的危险。收费网站空间相对而言稳定、服务项目多，有一定的保障。静态网页空间一般来说价格低廉，对于本书所覆盖的网页设计类型而言是够用的。如果网站涉及到 JSP、PHP 以及相关数据库技术，则需要购买价格更高、服务种类更多的空间。

除了购买空间，还要购买域名，没用域名配套的空间是无法被访问的。一般来说，空间和域名捆绑购买更为方便。常用的域名有：

● .com 域名：也就是 company 域名，在设定之初，主要用于公司的网站使用，但因为应用之初个人和公司都广泛应用这种域名，所以其应用范围也不再局限于公司。作为国际域名，.com 域名具有全球性、主流性，价格不高，比较流行。

● .com.cn 域名和 .cn 域名：中国（China，cn）的域名，后者比较新一些。类似的国家（地区）域名还有 .com.hk（香港）、.com.uk（英国）、.jp（日本）等。

● .net 域名：笔者理解为非盈利组织团体的域名，可能有偏颇之处。

● .org 域名：机构域名（Organization）。

● .edu 或 .edu.cn：教育机构、大学用域名，比如俄亥俄州立大学（www.osu.edu）、清华大学（www.tsinghua.edu.cn）、大连医科大学（www.dlmedu.edu.cn）等。

● 新兴的域名还有 .name、.biz 等。

设计公司、设计工作室或者个人都有适合的域名匹配，而纯粹由官方名称构成而不附加其他信息的域名是比较稀有的，应该尽早注册。

本书提及的网络服务提供商及价格信息仅代表个人观点，大家在购买的时候还要仔细挑选商家和相关产品和服务，做足功课才会降低网站运营的成本。

“域名 + 空间”结构是静态网页发布的服务器端基础。购买相关产品和服务之后，网络服务提供商会提供给用户以下必要资料，举例如下（虚拟名称）：

● FTP 地址：ftp：//www.yourwebsite.com

● 用户名：yourname

● 密码：yourpassword

既要记住这些资料，又要保证信息安全，特别是关于密码的记录。作者建议既要形成电子文档，又要费些心思保证信息不要轻易泄露。首先密码的设定在遵守相关规定的前提下，要尽量使用字母、数字和下划线等元素的结合，比如 vip_350708 这样的结构。

1.9.2　使用 Dreamweaver 软件上传

可以利用 Dreamweaver 软件提供的发布功能或者专用的上传软件发布网站。下面以虚拟网站 Making Pages 为例讲解两种上传方法，仅示例上传过程，参数为假定的，大家可以根据自己的网站参数发布网站。

在 Dreamweaver 软件中，点击菜单命令“站点 > 新建站点”，弹出“站点设置对象”对话框。主要针对两个选项卡进行设定：站点和服务器。

（1）站点：为 Dreamweaver 确定站点名称，同时选择本地文件夹。

（2）服务器：使用文件传输协议（File Transfer Protocol, FTP）进行网站发布。填入地址、用户名和密码，通过测试，就可以连接至服务器空间。

图 1.53 为“站点设置对象”对话框的“站点”部分设置。

图 1.54 为“站点设置对象”对话框的“服务器”部分设置，需要点击“添加新服务器”按钮打开子对话框。

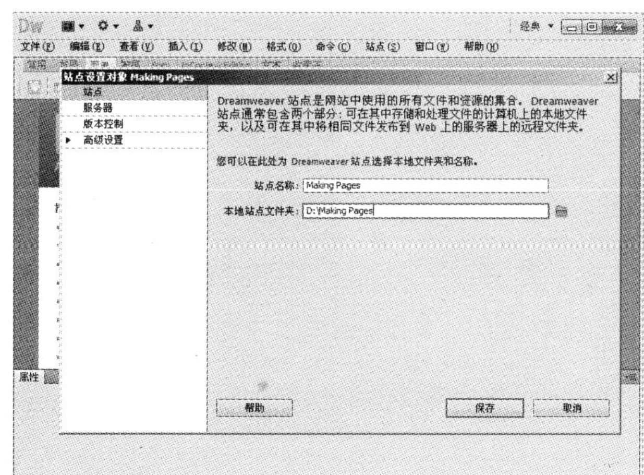

图 1.53

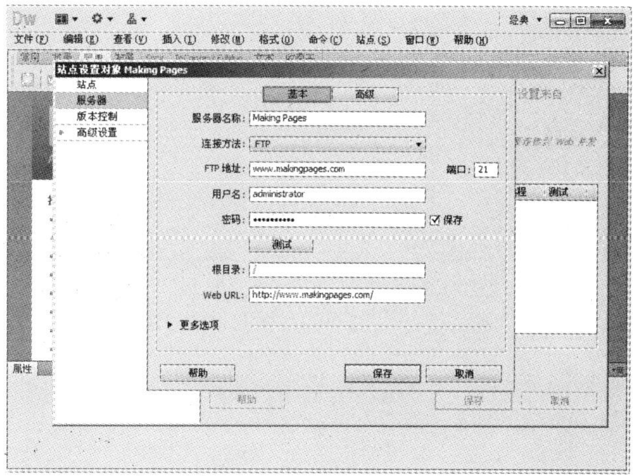

图 1.54

图 1.55 为“站点设置对象”对话框的“服务器”部分设置，站点添加设置完毕显示的界面。

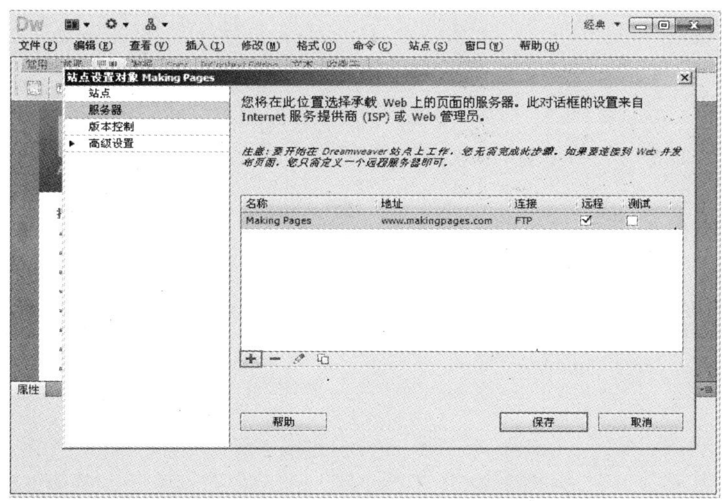

图 1.55

完成相关设置，在 Dreamweaver 软件的“文件”面板可以看到本地文件的文件结构了。点击“链接到远端主机”按钮就可以与服务器端连接。右键点击文件面板文件结构的各个级别，包括主文件夹、图片文件夹、网页或图片文件等，选择“上传”命令就完成了网站的上传。

图 1.56 为“文件”面板中的本地文件以及 Dreamweaver 与服务器链接的过程。

图 1.56

1.9.3　使用专业上传软件上传

本小节以 GlobalSCAPE 公司的 CuteFTP3.3 为例，讲解专业上传软件的使用方法。可以说，所有专业上传软件的基本结构就是本地文件视图和服务器文件视图，在网络连通的状态下，设置好 FTP 网站信息，就可以以类似于本地资源管理器的操作方式操作文件的上传和下载了。当然，专业的软件还有很多使用的其他功能，在此不特别讲述。

图 1.57 为 CuteFTP3.3 软件截图，左侧为本地文件，右侧为服务器文件。

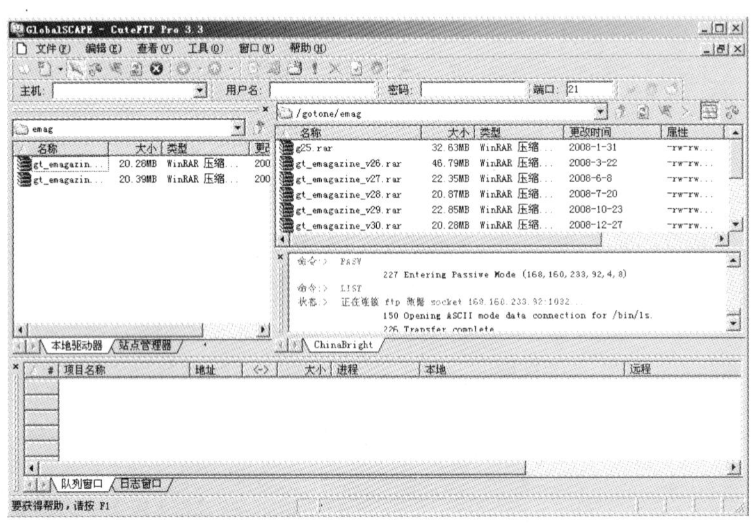

图 1.57

在 CuteFTP 软件中，单击文件 > 新建 >FTP 站点，就会弹出与 Dreamweaver 软件 FTP 设置相似的对话框，依次填写相关信息，连通服务器，就可以将本地文件直接拖拽到服务器相关目录下了。这里面一定要搞清楚服务器网站的根目录文件夹是什么。

无论采用何种网页上传方法，只有将名为 default.html 或 index.html 这一类的首页文件放置在服务器的根目录下，在键入 URL（比如 http：//www.myweb.com/）的时候才会默认打开这个首页。如果位置不对，或文件名不对，那么必须要键入完整的 URL 和文件路径和文件名，网页才会打开，这样会造成访问的不方便，也显得不规范。

1.10　静态网页设计小结

1.10.1　设计注意事项

除了前面章节提到的设计方法和细节之外，对于设计项目涉及的问题扼要总结如下。

1. 设计素材

在设计实践中首先要建立一个文件夹（以项目名称命名），存储所有设计相关的资料，比如客户提供的文字与图片资料，有时候还包括可参考的同类网站素材以及附加的特别要求。比如为某艺术学院设计网站，那就需要收集学院概况、旧站备份、师资和课程最新信息等，同时将设计定位于静态网页设计的中小站点。在实践中，首先建立文件夹“学院网站”，然后在其中建立文件夹“设计素材”来放置这些资料备用。也可以视情况细化这个文件夹，比如分为“文字”、“图片”等。如果负责网站的上传和维护，则还需要存储 FTP 信息。

2. 网页版式 PSD 文件

一般来说，用于提案的网页图片应为 2~3 种，这样做的目的是让客户方便进行项目方案选择。即便几种方案中没有特别满意的作品，也可以为客户提供一种设计方向的选择。创作过程中所有的 PSD 文件都应该保存好，以便继续深入设计或做参考之用。

下面的三幅图片就是某学院网站的过程设计图片和最终方案。可以看到，最终确定的风格与过程设计还有很大的区别，但是基本的色彩配置仍然具有一定的延续性。

图 1.58 为某学院网站设计过程图片。

图 1.59 为最终确定方案（网页截图）。

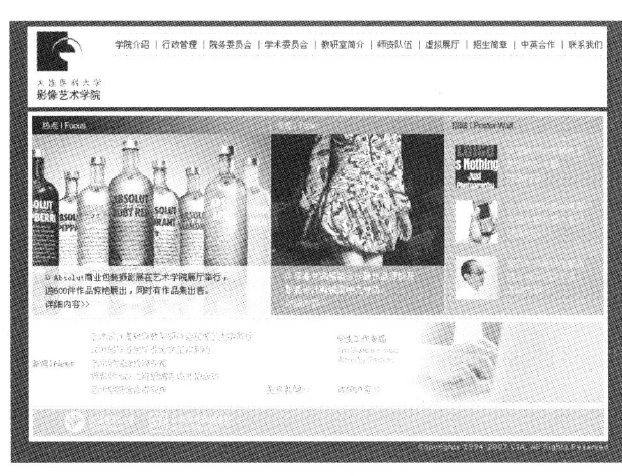

图 1.58

图 1.59

3. 从内容出发确定设计

提出一个偏激的问题：内容和设计如果只选其一，你会选哪一个？笔者的答案是内容。虽然这个问题在现实中不会发生，但设计之前一定要确保客户的内容可以准确、快速传递给读者。为了更好地实现这个目标，设计才会派上用场。虽然文字和图片是静态网页基础性的内容，但恰恰是朴实无华的文字与图片才可以最大程度的给予读者高效的阅读体验。

1.10.2 扬长避短的设计

在现在这样一个 Web2.0 时代，静态网页设计的地位比较微妙。虽然社会化媒体（SNS）作为一种网络媒体形式，本身也包含着网络媒体设计的基本特点，比如模块划分、配色等，但流行的社会化媒体相对而言并不多，形式也很相近，这就引发了一个问题：未来网页设计的机会到底还有多少？

笔者认为，静态网页在现今形势下仍然具备不可替代性。与此同时，在实践中要尽设计师的所能，发挥静态网页的长处，同时对于其力所不能及的地方可以完全移交给社会化媒体等相关网站代劳。这样做虽然不能满足所有的网络媒体设计需求，但是可以最大限度地挖掘静态网页设计的潜能。

1. 静态网页不可替代

应该说，社会化媒体流行的背后是成熟且完善的网络开发技术在做支撑，而静态网页设计并不是以技术为中心，即使涉及代码编写，也只是局限在本地页面，和服务器无关。从另一个角度来看，社会化媒体的技术与功能已经非常成熟与丰富，互联网用户不必重复开发交流模块，完全可以将自身网站的用户交互部分转移到社会化媒体网站，比如新浪博客与微博上的企业与个人主页等。如此一来，官方站点的建立恰恰回到了以设计与静态内容为中心的轨道，而这正是本书关注的重点。可以说，社会化媒体的流行为以静态网页（HTML 或 Flash 架构）为中心的网页设计提供了新的发展契机。

对于设计专业的同学来说，静态网页是进入网络媒体设计领域的最佳途径。因为专业的原因，平时的学习侧重视觉设计，很少编程，如果想独立完成一些网络媒体设计任务，静态网页就能够帮上忙！以静态网页为平台，我们在版式设计、办公需求、广告创意，乃至毕业、就业、创业中都有很多事情可做。

2. 与 SNS 网站相得益彰

时下博客、微博流行。漂亮的女明星在广告中惊讶地说："就连平时不知道电脑怎么开的朋友，竟然也玩起了微博！"。SNS 网站的发展日新月异，而博客和微博是典型的 Web2.0 架构下的 SNS 应用，是围绕客户创建内容的网站形式，最易聚拢人气。这种人气的聚集和信息的交互正是静态网页设计的弱项，基于此，二者可以很好地配合。对于中小企业和个人用户来说，由静态网页树立企业形象与官方网站内容，然后连接到官方博客和微博，可以做到又省钱又省力。实际上，就像肯德基这样的企业都已经在微博上建立了官方主页，因为这里是人气所在。

图 1.60 为肯德基官方站点（截图时间：2011 年 11 月 25 日）。

图 1.60

图 1.61 为肯德基新浪官方微博（截图时间：2011 年 11 月 25 日）。

图 1.61

2 静态网页设计（DIV+CSS）

2.1 DIV+CSS 网站设计简介

2.1.1 DIV 标签简介

基于 Table+CSS 布局的静态网页设计着眼于基础层面，无论结构布局清晰的网站，还是其他自定义的样式，都可以完成设计。对于布局规范的站点，特别是 Web2.0 站点，还可以使用 DIV+CSS 结构进行设计。这种方法利用 CSS 将网页各部分都定义了特有的样式，只要修改 CSS 就可以改变所有相关页面。这种方法适合与编程人员进行工作对接，也是目前网页设计的一个重要门类。

<DIV> 标签可定义文档中的分区或节（DIVision/section），把文档分割为独立的区域。<DIV> 是一个块级元素，它的内容自动开始一个新行。除了使用 DIV 标签直接引用 CSS 样式，还可以使用 id 或 class 来标记 <DIV>，配合 CSS 中点语法和 # 语法来调用样式。

下面是一个例子，可以看到 <DIV> 的通行特征。后面的章节会讨论 <DIV> 标签宽度的控制。

<DIV style=”font-size：18pt”> 网络媒体设计 </DIV>

<DIV style=”color：green”> 本书作者通过自身设计与教学经验，梳理出从静态网页到 Flash 架构网页，从 HTML 代码、CSS 代码到脚本编程的循序渐进的学习思路，让每一个对网络媒体设计感兴趣的读者都可以快速理解并掌握网络媒体设计的基础知识点和基本设计技巧，结合精选实例不断练习，很快就能独立设计网络媒体作品，同时也为将来更精深的学习打下坚实基础。

</DIV>

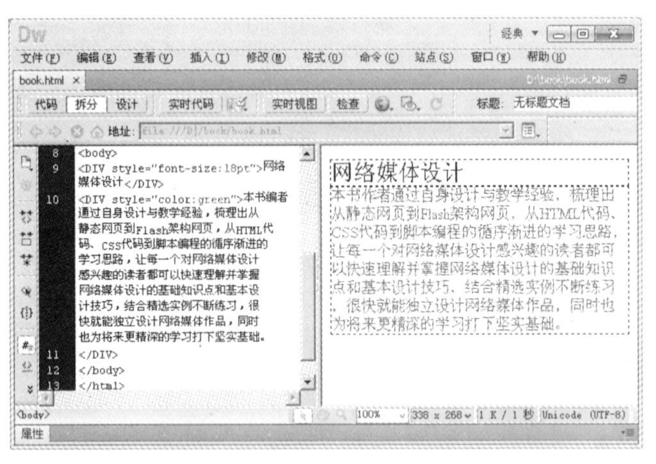

图 2.1

图 2.1 为 DIV 块级元素的表现方式。与 DIV 相配合的 CSS 样式编写与前面章节讲述的基本相同，在此不再赘述。

2.1.2 DIV+CSS 网站设计特点

DIV+CSS 布局将内容和样式彻底区分。从视觉上看，对于没有样式链接的网页，看上去“很原始”、“很粗糙”，但只要和独立的 CSS 文件链接成功，样式立刻就有了变化，更具设计性。这种架构有助于内容与样式各自设计与开发的专注性，也有利于代码维护。在这种布局中，DIV 负责内容的管理，CSS 负责每组内容的样式，分工明确。

图 2.2 为同样的网页内容，在应用 CSS 样式前后［图 2.2（a）和图 2.2（b）］的差别。

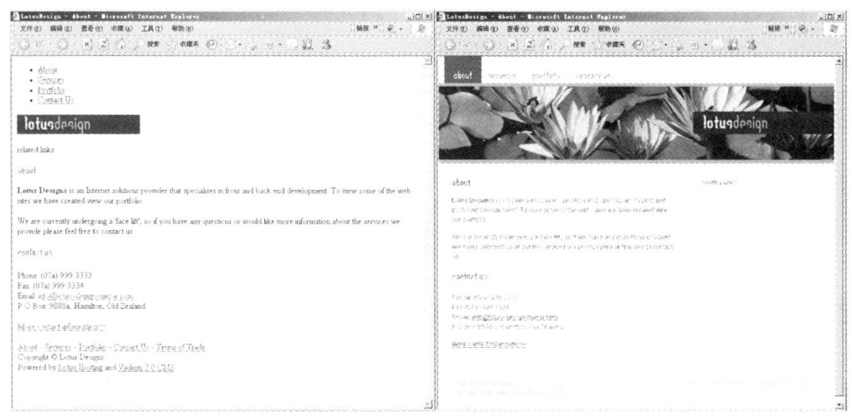

图 2.2

Table，或 DIV，是网页设计的选择问题。编者认为 Table 有助于精确控制网页布局，在像素级的控制上很方便。也有开发者也认为，为了 1px 的控制精度去产生几 Kb 的多余代码是不明智的。对于初学者，不必在这个问题上过于执着，两个部分都要了解、学习，专注于打好基础，做到知己知彼，才能在以后的设计中不断创新。本书的编写结构体现了利用 Table 架构引导 Dreamweaver 软件、HTML 和 CSS 等内容的入门学习，然后扩展到 DIV 部分将所学内容完善，做好多种准备以应对设计实战。

既然 DIV+CSS 布局强调的是内容和样式的分离，那么对于内容只需利用各种规格的 DIV 标签将不同的模块区分开来。

图 2.3 为 DIV+CSS 页面结构举例，也是本节示例网页的结构。

本节示例网页 DIV 模块结构与命名安排如下。

- body {}　/* 每个页面的整体元素 */
- #page-container {}　/* 页面层容器，包含了各部分模块 */
- #main-nav {}　/* 顶部导航栏，也可以归入 header 模块 */
- #header {}　/* 页面主题图片和 Logo 现实等 */
- PageBody　/* 页面主要内容区，包括主体和侧栏 */
- #content {}　/* 主体内容，一般也表示为 MainBody*/
- #sidebar {}　/* 侧边栏内容 */
- #footer {}　/* 页面底部信息，包括次级链接和版权信息等 */

定义好了每一个 DIV 标签的样式名称，接下来要将其与 CSS 文件中各样式链接，页面设计就完成了。

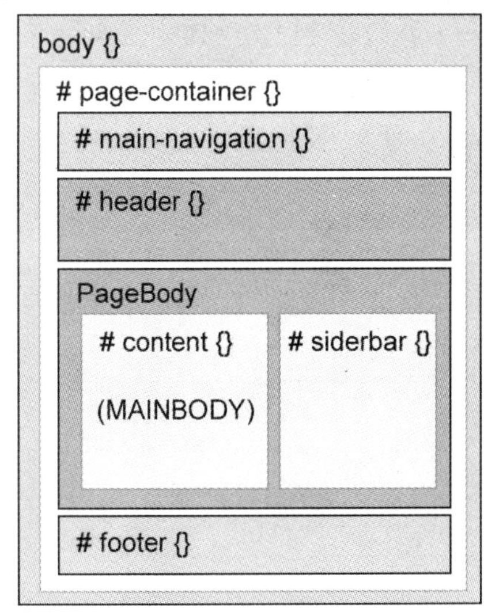

图 2.3

2.2　DIV+CSS 网站设计实战

2.2.1　版式设计与规划

本节以虚拟的设计网站“Lotus Design”为例来讲解。本网站由四个网页组成，分别为 about.html、services.html、portfolio.html、contact.html 等。因为四个网页结构相似，只是内容和主题图片等不同，所以本节大部分以 about.html 为主，在节末再扩展到其他三个网页。

本节视觉设计仍然采用示例图片先行的原则，而且原始 PSD 图片一定要保留好，为制作系列主题图片、标题图片和按钮图片等做好准备。

图 2.4 为示例网站的 PSD 版式图片。

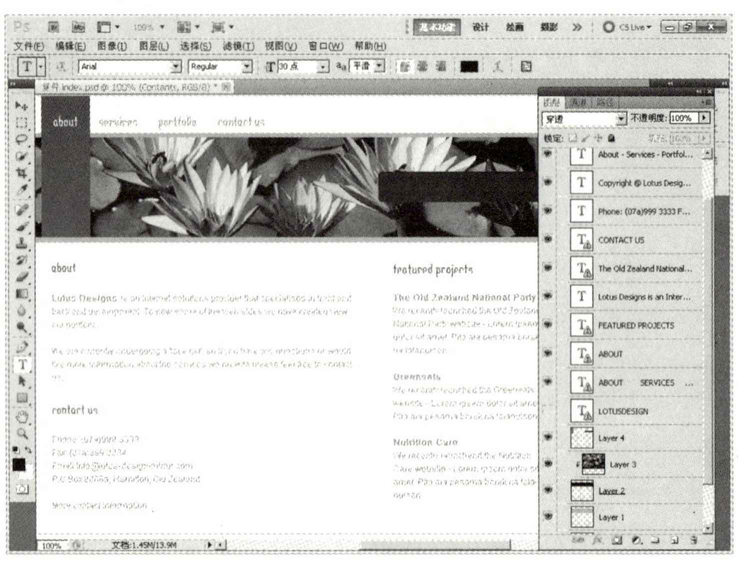

图 2.4

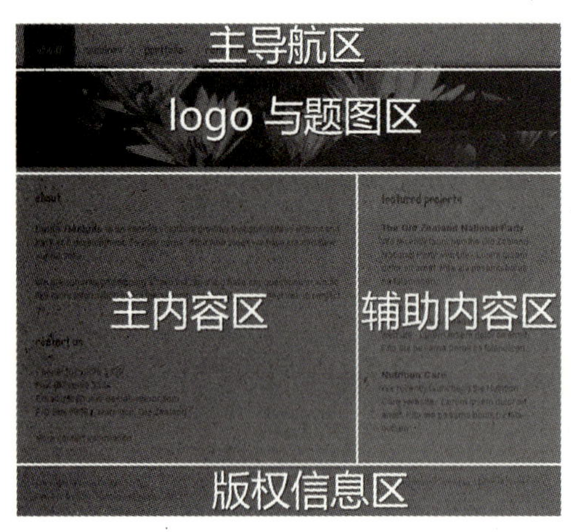

图 2.5

本节以下图为例构建网站。

图 2.5 为示例网页的功能分区，清晰的模块结构有利于快速掌握 DIV 标签的组织。

本网站基本布局分为 5 个部分，具体信息如下：

（1）主导航区：放置四个按钮，相应鼠标操作；宽 760px，高 50px。

（2）logo 与题图区：对应每个按钮进行题图变换；宽 760px，高 150px。

（3）主内容区：宽 480px，高度随内容而变。

（4）辅助内容区：宽 280px，高度随内容而变。

（5）版权信息区：宽 760px，高 66px。

2.2.2 创建 HTML 模板与文件

首先新建 LotusDesign 虚拟项目文件夹，然后在内部新建 Website 根目录。根目录中继续新建 images 和 css 两个文件夹。

在 Website 根目录中建立第一个 html 网页，作为模板页，命名为 about.html。其他三个网页可在 about.html 设计成熟之后利用另存修改的方法继续设计。

在 css 目录中建立 master.css 文件，并按照下面的讲解逐步添加 CSS 代码。

将 about.html 和 CSS 文件建立联系。除了前面讲到的 CSS 面板操作以及 Link 代码编写方法，还可以使用 Import 代码进行 CSS 文件的链接，代码为：

```
<style type="text/css" media="all">@import "css/master.css" ; </style>
```

图 2.6 为 LotusDesign 网页最终完成的文件结构示意图。

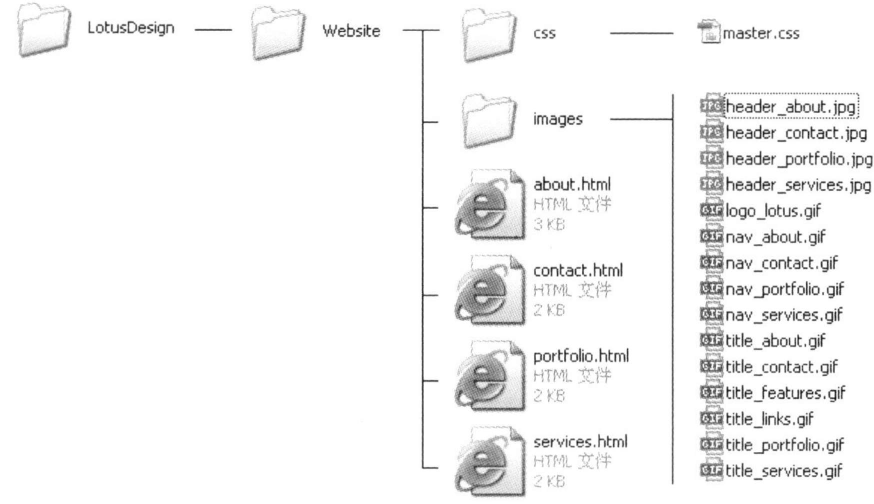

图 2.6

下面分别针对 about.html 和 master.css 进行设计分析和代码编写。因篇幅关系，讲解中和 DIV、HTML 代码相关的内容与 html 网页有关，和 CSS 相关的内容和 master.css 有关，不再单独声明。

建立名为 page-containter 的主 DIV，它将包含网站的所有元素，它的宽度为 760px，也就是网站平面图片的设计宽度。在 <body> 和 </body> 之间写入以下代码：

```
<DIV id="page-container">
</DIV>
```

与之相对应的 CSS 代码为：

```
#page-container {
width : 760px ;
background : red ;
margin : auto ;
}
```

这个 CSS 样式有两个属性：width 为 DIV 的宽度，值为 760px；background 为背景颜色，值为红色，类似于在 Table 中控制背景颜色的属性 background-color，注意不要混淆；margin 为 DIV 距离页面的边距，值为 auto，这样 DIV 也就居中显示了。

和 Table 网页一样，要消除网页的边距，利用 html 和 body 的 margin 属性就可以做到这一点。写入以下代码：

```
html, body {
margin : 0 ;
padding : 0 ;
}
```

相当于在 <body> 标签中定义了 topmargin、leftmargin 的属性为 0。

Margin 和 padding 是两个相似的关于边缘距离的属性，margin 强调的是模块边缘距离其他模块或网页边框的距离；而 padding 强调在本模块内部，内容和本模块边框的距离。

2.2.3 DIV 基本模块划分

在主 DIV 中继续细分 5 个子 DIV，与前面讲到的网页结构分析对应起来，放置在名为 page-container 的 DIV 中，代码为：

```
<DIV id="page-container">
<DIV id=" main--nav" > 主导航区 </DIV>
<DIV id="header"> logo 与题图区 </DIV>
<DIV id="sidebar"> 主内容区 </DIV>
<DIV id="content"> 辅助内容区 </DIV>
<DIV id="footer"> 版权信息区 </DIV>
</DIV>
```

为了区分 5 个子 DIV 模块，下面为其分配不同的背景颜色，该属性名为 background。这些颜色可能略显突兀，但这只是为了区别每一个模块，在后面的某一阶段会将它们替换掉。CSS 文件中的代码增加如下内容：

```
#main-nav {
background : red ;
height : 50px ;
}
#header {
background : blue ;
height : 150px ;
}
#sidebar {
float : right ;
width : 280px ;
background : darkgreen ;
}
#content {
margin-right : 280px ;
background : green ;
}
#footer {
background : orange ;
height : 66px ;
}
.hidden {display : none ; }
```

注意，因为 content 和 sidebar 两个部分在网页中部左右排列，因此 sidebar 在这里增加了 float 属性，代表浮动的方向，值为 right。代码驱使 sidebar 右侧浮动，宽度为 280px。一般来说，有了一定的宽度值，设置浮动可以让不同的 DIV 左右相邻。利用 content 的 margin-right 属性在右侧空出宽度为 280px 的空间，其与 sidebar 两个 DIV 就可以平行排列了。

末尾的 .hidden 样式具有隐藏的功能，编写备用。

图 2.7 为按鲜艳的颜色区分基本结构的网页预览。

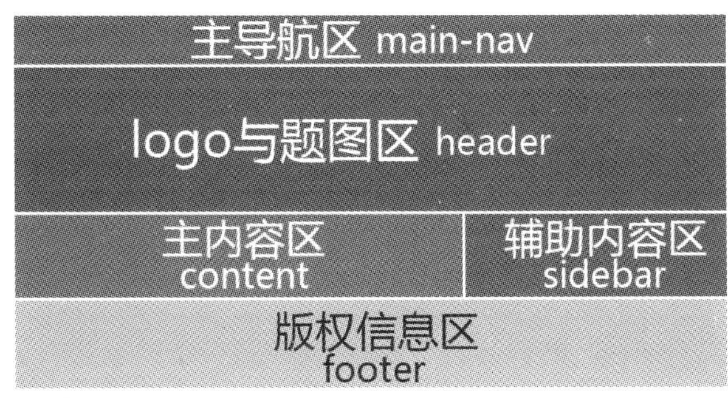

图 2.7

2.2.4　内容补充与结构调整

用以下的代码替换掉 about.html 文件的相关内容，内容中的地址和电话都是虚构的，只做示范之用。

```
<DIV id="sidebar">
<h2>Related Links</h2>
<p>Just some related links about graphic design, As well as partners of Lotus Design. </p>
</DIV>


<DIV id="content">
<h2>About</h2>
<p><strong>Lotus Designs</strong> is an Internet solutions provider that specialises in both front and back end development. To view some of the web sites we have created our portfolio.</p>
<p>We are currently undergoing a "face lift", so if you have any question or would like more information about the services we provide. please feel free to contact us.</p>
<h2>Contact Us</h2>
<p>Phone：(07a) 999 3333<br />
Fax：(07a) 999 3334<br />
Email：<a href="mailto：info@lotus-design.com">info@lotus-design.com</a><br />
P.O Box：9888a, Hamilton, Old Zealand</p>
<p><a href="about.html" >More contact information…</a></p>
</DIV>
```

另外，将浮动的 sidebar 放置在 content 前面是一个好主意，这样可以充分的发挥 sidebar 浮动的功能。

经过预览，发现 sidebar 由于处在浮动状态，因此没有把它所占据的网站空间撑起来，而是浮动在上面，导致 footer 模块被挡住了。修改 footer 的 CSS 如下：

```
#footer {
```

```
clear : both ;
background : orange ;
height : 66px ;
}
```

Footer 中增加的这个 clear 属性设置一个元素的两侧是否允许其他的浮动元素。Both 标明两侧都不允许，这样一来，footer 就向下移动让开了 sidebar，同时 content 也出现了一定高度的空隙，露出 page-container 的背景色。

2.2.5 附加结构的布局与表现

附加结构包括以下内容：

（1）主导航区（main-nav）。

（2）标题（heading），包括网站 Logo 和标题图片。

（3）正文内容（PageBody），当然这里面要考虑到两个方面的内容：content 和 sidebar。

（4）页脚版权信息（footer），包括版权、认证、次级导航内容等。

首先修改制作标题（heading）模块，代码如下：

```
<DIV id="header">
<h1>Lotus Design</h1>
</DIV>
```

接下来编写导航条 main-nav，代码如下：

```
<DIV id="main-nav">
<ul>
<li id="about"><a href="about.html" >About</a></li>
<li id="services"><a href="about.html" >Services</a></li>
<li id="portfolio"><a href="about.html" >Portfolio</a></li>
<li id="contact"><a href="about.html" >Contact Us</a></li>
</ul>
</DIV>
```

需要说明的是，为了编写方便，笔者将本网站所有的页面链接都指向了 about.html 本身，但在后面需要扩展其他三个网站页面的时候，就需要进行相应的修改，将链接对应到正确的页面上，比如 <a href="portfolio.html" >Portfolio</a> 等。

页脚版权信息区的设计包括两部分：左边的版权信息，认证信息和右边一系列的次级导航条，包括了“About-Services-Portfolio-Contact Us-Terms of Trade”等。

就像之前处理 sidebar 和 content 关系的一样，为了让次级导航条向右浮动，需要加入一个新的 DIV 标签 altnav，同时将这个浮动的 DIV 设置在版权信息主内容之前，这也算是浮动属性的一个强制要求，代码如下：

```
<DIV id="footer">
<DIV id="altnav">
<a href="about.html">About</a> -
<a href="about.html">Services</a> -
```

```
<a href="about.html">Portfolio</a> –
<a href="about.html">Contact Us</a> –
<a href="about.html">Terms of Trade</a>
</DIV>
&copy；2010 Lotus Designs<br>
Powered by Lotus Hosting and Vadmin 3.0 CMS</DIV>
```

这组代码演示了 DIV 的嵌套，与 Table 得嵌套理念基本相同，但形式简洁很多。

刷新页面可以看到在 Content 层周边有一些空白，这是由于 <h2><p> 标签的默认边距、间距（margin、padding）造成的，为了仅修改 Content 的默认边距，利用 CSS 的子选择器编码方式，新增 CSS 代码如下：

```
#content h2 {
margin：0；
padding：0；
}
#content p {
margin：0；
padding：0；
}
```

这种自定义样式（如 #content）和内置模块（如 h2）并列的样式定义目的是为了限定内置模块的有效范围，不要影响其他自定义模块中的相关样式。建议把这段代码放在 CSS 文件 content 样式后面，便于代码的阅读和修改。

如果可以在设计中敏锐地感觉到每个模块元素自身默认的边距和间距属性，就会为以后更为精确地设计铺平道路。

2.2.6　基本文本的样式设定

本小节将背景色调整为正常的样式。

首先去掉每个单元的背景色，也就是删掉“background”属性，只保留顶部导航条的红色，然后设置全局的文本样式：

```
body {
font-family：Arial, Helvetica, Verdana, Sans-serif；
font-size：12px；
color：#666666；
background：#ffffff；
}
```

由于本网页为全英文内容，因此所选字体没有汉字字体。如果有中文样式的存在，应该把“宋体”或“黑体”等样式放在 font-family 属性中备用。

将这段代码放置在 CSS 文件的顶端是一个好习惯。font-family 内的顺序决定字体显示优先级，依次为 Arial 字体、Helvetica 字体等。

调整 content 的子样式 h2、p 的 padding-bottom 属性，让间距合理。调整 h2 和 p 底部的 padding 目的是为了不影响最上层的 h2，以免其顶部再次出现空隙；最下层的 p 出现底部边距也避免了与它下面的内容（比如 footer）贴得太近。修改后的 CSS 代码为：

```
#content h2 {
margin：0；
padding：0；
padding-bottom：15px；
}
#content p {
margin：0；
padding：0；
padding-bottom：15px；
}
```

如果 sidebar 具有同样的内容结构，比如 <h2>+<p>，那么要设定相同的子属性。

下面调整 content 层的四周以让出 25px 的间隙。考虑到 IE 浏览器对 padding 属性支持的一些特性，这里面增加了样式为“padding”的 DIV 嵌套。

首先要向 padding 属性的层中加入 padding 层，它的功能仅限于显示间隙：

```
<DIV id="sidebar">
<DIV class=”padding”>
（内容代码略）
</DIV>
</DIV>
```

同样的，再往 html 文件的 content 层中加入样式为 padding 的 DIV 嵌套。

由于 padding 层的功能仅是制造空隙，所以不要设置它的宽度，只需在 css 中添加两个内容样式的子属性 padding 就行了，增加的 CSS 代码如下：

```
#sidebar .padding {
padding：25px；}
#content .padding {
padding：25px；}
```

同时修改相关内容的行高，在 #sidebar 和 #content 样式中分别添加以下代码：

```
line-height：18px；
```

根据设计，将 content 中的标题转化为图片。当然，这需要事先制作好相关图片放置在 images 文件夹中。将 <h2> 代码修改为：

```
<h2><img src="images/title_about.gif" width="88" height="19" alt="About" /></h2>
<h2><img src="images/title_contactus.gif" width="88" height="19" alt="Contact Us" /></h2>
```

这一部分内容其实也就和第 1 章学到的 Table+CSS 联系起来了，在 <DIV> 标签中的内容安排与 <td> 是相同的，也可以在设计视图中完成。

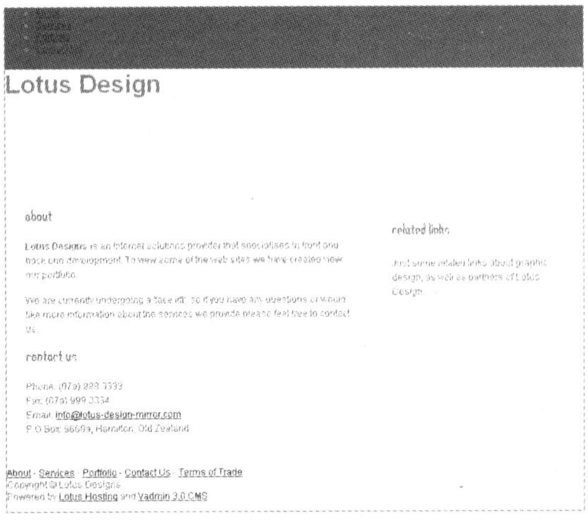

图 2.8

图 2.8 为 content 与 sidebar 边距修改之后的网页预览。

2.2.7 logo 和题图设计

为了替换网页 header 部分的图片，需要事先制作一幅背景图 header_about.jpg 和一幅 logo 图片 logo_lotus.gif，全部存储在 images 文件夹中。

因为是示例网页，笔者利用 Windows 系统自带的四张演示图片制作了四个栏目的主题图片，除了第一幅与 Lotus 有些关联，其他还看不出与主题有什么联系。

在 CSS 编码中修改 #header 层以添加背景图：

```
#header {
height : 150px ;
background : #425f00 url ( ../images/header_about.jpg ) ;
}
```

Background 的两个属性值“#425f00”和“url”之间没有任何符号，只是空格，这两个属性值也可以分作两行书写。可以理解为先布置一个背景色，然后在上方添加一幅背景图片。设定背景颜色是考虑到图片未加载时不要出现空白，而应有一种对应的绿色。

特别要注意的是，代码中图片的路径是相对于 css 的存放位置而言的，而不是 html 文件，因此要指向上一级目录，路径写作”../”。

接下来将标志图片 logo_lotus.gif 加载在这个背景图片上面，修改相应的 HTML 代码为：

```
<DIV id="header">
<h1><img src="images/logo_Lotus.gif"
width="236" height="36" alt="Lotus Design" border="0" /></h1>
</DIV>
```

上面这段代码是添加在 html 网页中的。可以看到，html 网页中的 <DIV> 负责前景图片的加载；而 CSS 代码完成了背景色和背景图片的安排。

下面设定 header 的 CSS 子属性 h1，使得图片浮动在合适的位置。新增 CSS 代码为：

```
#header h1 {
margin : 0 ;
padding : 0 ;
float : right ;
margin-top : 57px ;
padding-right : 31px ;
}
```

在这里使用 padding-right 而不是 margin-right，也是由于 IE 解析会出现偏差的缘故，大家在设计的时候一定要结合网页预览进行相关的调整。具体的数字可以根据示例图片量取，也可以通过不断实验最终获得。

图 2.9 为 header 主题图片与 logo 修改后的局部网页预览。

图 2.9

2.2.8 版权信息区样式设计

首先修改页脚版权信息区整体的 CSS 为：

```
#footer {
clear : both ;
height : 66px ;
font-family : Tahoma, Arial, Helvetica, Sans-serif ;
font-size : 10px ;
color : #c9c9c9 ;
border-top : 1px solid #efefef ;
padding : 13px 25px ;
line-height : 18px ;
}
```

以上代码考虑到了边框（也就是那条细线）、间隙等显示样式。其中，padding 属性值只列举了两个，分别是 13px，25px。这两个属性值代表什么方位的属性呢。一般来说，padding 属性的四个属性值分别代表“上、右、下、左”，如果只出现两个值，比如 a 和 b，那么 a 代表顶部和底部，b 代表左右两侧。Margin 属性也有同样的标示方法。

Border-top 代表了顶部的边框宽度、样式和颜色。一般来说，只有设定了边框的样式之后，边框的宽度才能体现。这个属性不能应用类似于 padding 的两值或四值输入，如果要设定不同的宽度，一定要应用相应的位置属性，比如 border-bottom 等。

修改相关链接的样式，同样应用了 CSS 子属性。

```
#footer a {
color : #c9c9c9 ;
text-decoration : none ;
}
#footer a : hover {
color : #425f00 ;
}
```

最后修改副导航层（#altnav），使其向右浮动。在这里要注意的是，设定宽度是副导航层可以浮动的前提。CSS 代码如下：

```
#footer #altnav {
width : 350px ;
float : right ;
text-align : right ;
}
```

以上代码的样式名如果只是写作 #altnav，显示也正常，因为本网页中只有一个名为 altnav 的 DIV。但是为了编码的严谨性，保证特殊的模块具备特殊的样式，避免日后出现重复和冲突，将 altnav 放入 footer 的限制中是可取的。

2.2.9　主导航区设计

导航链接的形式很多，本小节介绍导航条状态的一种：三状态背景图片转换。需要事先准备好包含每个导航条目三种状态的图片（整张图片，不必切割）。

图 2.10 为导航条目图片。每一列分为上中下三种鼠标响应状态（原始、鼠标悬停状态、鼠标选择状态），都是一个独立的文件，四个图片文件分别命名为 nav_about.gif、nav_portfolio.gif、nav_services.gif、nav_contact.gif。

about	portfolio	services	contact us
about	portfolio	services	contact us
about	portfolio	services	contact us

图 2.10

在 CSS 文件中修改 main-nav 代码，新增 ul 子属性，CSS 代码为：

```
/* Main Navigation */
#main-nav {
height : 50px ;
padding-left : 11px ;
}
#main-nav ul { margin : 0 ; padding : 0 ; }
#main-nav li { float : left ; }
```

这里面 /* Main Navigation */ 为说明文件，增加可读性，不影响 CSS 的功能。

Main-nav 的 padding-left 属性是为让最左侧的导航块距离左侧有一定的距离。为了弥补 Mac 操作系统下的编码误差，这段代码应该做 Hack 处理，以让代码适合不同版本的浏览器，这方面的内容另辟一节讲述，本节仅针对 IE6 浏览器版本编写代码。

<ul> 是列表的外围模块标签，为其设定了 margin 和 padding 都为 0 的属性；li 的 float 设定可以让列表从上下排列更改为左右排列。

为了使列表项目的尺寸和容纳它的层保持一致，并利用浮动属性使列表项目的文本隐藏，需编写如下代码：

```
#main-nav li a {
display : block ;
height : 0px ;
padding : 50px 0 0 0 ;
overflow : hidden ;
background-repeat : no-repeat ;
}
```

写完这部分代码之后，可以把先前 main-nav 样式中的 height 属性删掉，避免代码重复。

Display 属性用于定义建立布局时元素生成的显示框类型。对于 HTML 等文档类型，要谨慎使用，不要违反 HTML 中已经定义的显示层次结构。Display 常用的属性值有：

- none，此元素不会被显示。
- block，此元素将显示为块级元素，此元素前后会带有换行符。
- inline，默认。此元素会被显示为内联元素，元素前后没有换行符。
- list-item，此元素会作为列表显示。
- table，此元素会作为块级表格来显示（类似 <table>），表格前后带有换行符。
- ……

本代码使用了 block 属性，这样，每一个链接所在的 <li> 都变成了前后带有换行符的块级元素特性。很多地方都提到了块级元素的概念，在本节末会进一步解释。

将高度设为 0 则屏蔽了相关链接内容的显示，同时 padding 值让出了 50px 的高度，保证了顶部 main-nav 模块的高度。

Overflow 属性定义了如何处理溢出内容。可选属性值为：

- visible，默认。内容不会被修剪，会呈现在元素之外。
- hidden，内容会被修剪，但是浏览器不会显示供查看内容的滚动条。
- scroll，内容会被修剪，但是浏览器会显示滚动条以便查看其余的内容。
- auto，如果内容被修剪，则浏览器会显示滚动条以便查看其余的内容。

本例采用 hidden，表示溢出 <li> 块的元素将被隐藏。

下面为 ID 为“about”的列表设置宽度和背景图片的路径：

```
#main-nav li#about,
#main-nav li#about a {
width : 71px ;
background-image : url ( ../images/nav_about.gif ) ;
}
```

可以解读为 main-nav 模块中的 li 模块中名为 about 的那个模块以及其内部的 a 链接模块的样式设定。必须弄清楚这些元素的顺序，“li#about”样式名称字符串中不要有空格，否则就会出错。

下面解决鼠标悬停背景图片变色的问题。根据前面设计的图片，背景图片上移“50px”就会显示绿色文字的背景图样式了。这种改变图片显示的方法和 Table+CSS 的区别很大，不再是独立的多个文件，而是依靠单独文件的位置位移改变现实样式。相关代码如下：

```
#main-nav li a : hover {
background-position : 0 -50px ;
}
```

Background-position 属性设置背景图像的起始位置。本例中有两个属性值 xpos 和 ypos，第一个值是水平位置，第二个值是垂直位置。原始值的左上角为“0 0”，第二个值变为 -50 后也就标明背景图片上移了 50px。网页设计平面的坐标方向为 x 轴向右为正，y 轴向下为正。Background-position 属性值也可以使用类似于“top/center/bottom left/center/right”这样的赋值形式。

前面讲过，本例构建中的网页一共有四个，到目前为止仅以 about.html 页面为对象编写了 html 代码和 CSS 代码。对于 main-nav 模块，每一个网页都会针对该网页的内容将背景图片变为第三种状态，也就是绿底儿白字的那一部分。为了让 CSS 文件可以识别调用 CSS 代码的网页是哪一种，需要在每个网页的 <body> 标签中定义样式，比如 about.html 页面中的相关代码如下：

```
<body class=" about" >
```

然后在 CSS 文件中加入如下代码：

```
body.about li#about a{
background-position : 0 -100px ;
}
```

这样 about 的样式名就将需要把背景图片变为绿底白字的“about.html”和相关的代码“background-position : 0 -100px ; ”联系在一起了。

如果希望网站头部背景图片也根据 body 标签的类进行变换，就需修改 css 的 #header 为：

```
body.about #header {
height : 150px ;
background : #425f00 url ( ../images/header_about.jpg ) ;
}
```

制作好 about.html 页面之后，可以在 Dreamweaver 软件中将 about.html 文件分别另存为 services.html、portfolio.html、contact.html，将相应的链接代码也修改过来。除此之外，还可以将 title 和各页面的文字进行相应的修改。

为了避免 main-nav 的 float 属性影响 header 模块，header 模块属性定义为：

```
#header{ width : 760px }
```

由于每个网页 header 背景图片不同，因此在 CSS 中还要添加以下代码：

```
body.services #header {
height : 150px ;
background : #425f00 url ( ../images/header_services.jpg ) ;
}
body.portfolio #header {
height : 150px ;
background : #425f00 url ( ../images/header_portfolio.jpg ) ;
}
body.contact #header {
height : 150px ;
background : #425f00 url ( ../images/header_contact.jpg ) ;
}
```

最后将 body 和 page-container 的背景色略作调整，整个网站就设计好了。

最后来了解一下前面提到的块元素和内联元素。

所有的 html 元素，要么都是 block（块元素），比如 P、table 等、要么是 inline（内联元素），比如 a。

Block 元素总是在新行上开始，高度，行高以及顶和底边距都可控制，宽度缺省是它的容器的 100%，除非设定一个宽度。本书对于某些 DIV 就是这样处理的。

Inline 元素和其他元素都在一行上，高、行高及顶和底边距不可改变，宽度就是它的文字或图片的宽度，不可改变。

还有一部分元素可以根据上下语境在两种元素间转变。

常见的三种元素如下：

（1）块元素（block element）：

center－举中对齐块

DIV－常用块级容易，也是 css layout 的主要标签

form－交互表单

h1－大标题 等 h 类标签

hr－水平分隔线

menu－菜单列表

p－段落

pre－格式化文本

table－表格

ul－非排序列表

（2）内联元素（inline element）：

a－锚点

abbr－缩写

b－粗体

br－换行

font－字体设定（不推荐）

i－斜体

img－图片

span－常用内联容器，定义文本内区块

strong－粗体强调

u－下划线

（3）可变元素：

iframe－inline frame

map－图片区块（map）

script－客户端脚本

2.2.10 CSS hack

对于网页设计人员，多安装几种常用的浏览器是必要的。采用常用的几种浏览器检查自己的设计作品可以照顾到绝大多数网络用户的使用体验。

图 2.11 为几种常用的浏览器：Internet Explorer、Firefox、Opera、Safari。

由于不同的浏览器（包括相同类型浏览器的不同版本）对 CSS 的解析不一样，因此会导致某些页面效果与设计预期不符，这就需要针对不同的浏览器去编写 CSS 样式，让其同时兼容不同的浏览器。这个针对不同的浏览器编写 CSS 代码的技术叫做

CSS hack。由于 CSS 中的优先级的关系（重复的样式以位置靠后的为准），可以根据这个针对不同的浏览器写不同的 CSS。

图 2.11

比如 IE6 能识别下划线“_”和星号“*”，IE7 能识别星号“*”，但不能识别下划线“_”，而 Firefox 两个都不能认识。一般将识别能力强的浏览器的 CSS 写在后面。

要分辨 IE6 和 firefox 两种浏览器，可以这样写：

```
<style>
DIV{
background : green ; /* for firefox */
*background : red ; /* for IE6 */
}
</style>
```

以上代码使得 IE6 中的相应 DIV 背景是红色的，在 firefox 中却是绿色的。为什么会是这样呢？上面的 css 在 firefox 中，它无法识别 * 后面的那行 background，因此把它过滤掉，最后得到的结果是：DIV{background : green}。

可以查阅资料了解更多的 Hack 方法。

2.2.11　网页代码

本章最后附 HTML 文件和 CSS 样式完整代码如下。

1. HTML 文件代码（about.html）

```
<!DOCTYPE html PUBLIC "-//W3C//DTD XHTML 1.0 Transitional//EN" "http : //www.w3.org/TR/xhtml1/DTD/xhtml1-transitional.dtd">
<html>
<head>
<meta http-equiv="Content-Type" content="text/html ; charset=gb2312" />
<title>About - Lotus Design</title>
<style type="text/css" media="all">@import "css/master.css" ; </style>
</head>
<body class="about">
<div id="page-container">

<div id="main-nav">
<ul>
<li id="about"><a href="about.html" >About</a></li>
<li id="services"><a href="services.html" >Services</a></li>
```

```
<li id="portfolio"><a href="portfolio.html" >Portfolio</a></li>
<li id="contact"><a href="contact.html" >Contact Us</a></li>
</ul>
</div>

<div id="header">
<h1><img src="images/logo_Lotus.gif"
width="236" height="36" alt="Lotus Design" border="0" /></h1>
</div>

<div id="sidebar">
<div class="padding">
  <h2><img src="images/title_links.gif" width="120" height="25" /></h2>
  <p>Just some related links about graphic design, As well as partners of Lotus Design. </p>
</div>
</div>

<div id="content">
<div class="padding">
<h2><img src="images/title_about.gif" width="120" height="25" /></h2>
<p><strong>Lotus Designs</strong> is an Internet solutions provider that specialises in front and back end development. To view some of the web sites we have created view our portfolio.We are currently undergoing a 'face lift', so if you have any questions or would like more information about the services we provide, please feel free to contact us.</p>
<h2><img src="images/title_contact.gif" width="120" height="25" /></h2>
<p>Phone：( 07a ) 999 3333<br />
Fax：( 07a ) 999 3334<br />
Email：<a href="about.html">info@lotus-design-mirror.com</a><br />
P.O Box：9888a, Hamilton, Old Zealand</p>
</div>
</div>

<div id="footer">
<div id="altnav">
<a href="about.html">About</a> -
<a href="services.html">Services</a> -
<a href="portfolio.html">Portfolio</a> -
<a href="contact.html">Contact Us</a> -
<a href="about.html">Terms of Trade</a>
</div>
```

```
Copyright &copy ; Lotus Designs<br>
Powered by <a href="about.html">Lotus Hosting</a> and
<a href="about.html">Vadmin 3.0 CMS</a></div>

</div>
</body>
</html>
```

2. CSS 样式代码（master.css）

```
/* CSS Document */

html, body {
margin : 0 ;
padding : 0 ;
}

body {
font-family : Arial, Helvetica, Verdana, Sans-serif ;
font-size : 12px ;
color : #666666 ;
background : #eeeeee ;
}

#page-container {
width : 760px ;
margin : auto ;
background : #FFFFFF
}

/* Main Navigation */

#main-nav {
padding-left : 11px ;
display : block
}

#main-nav ul { margin : 0 ; padding : 0 ; }
#main-nav li { float : left ; }
#main-nav li a {
```

```
display : block ;
height : 0px ;
padding : 50px 0 0 0 ;
overflow : hidden ;
background-repeat : no-repeat ;
}

#main-nav li#about, #main-nav li#about a { width : 71px ; background-image : url ( ../images/nav_about.gif ) ; }
#main-nav li#services, #main-nav li#services a { width : 81px ; background-image : url ( ../images/nav_services.gif ) ; }
#main-nav li#portfolio, #main-nav li#portfolio a { width : 83px ; background-image : url ( ../images/nav_portfolio.gif ) ; }
#main-nav li#contact, #main-nav li#contact a { width : 103px ; background-image : url ( ../images/nav_contact.gif ) ; }

#main-nav li a : hover {
background-position : 0 -50px ;
}

body.about li#about,
body.about li#about a,
body.services li#services,
body.services li#services a,
body.portfolio li#portfolio,
body.portfolio li#portfolio a,
body.contact li#contact,
body.contact li#contact a {
background-position : 0 -100px ;
}

#header{ width : 760px }

body.about #header {
height : 150px ;
background : #425f00 url ( ../images/header_about.jpg ) ;
}

body.services #header {
height : 150px ;
```

```
background : #425f00 url ( ../images/header_services.jpg ) ;
}

body.portfolio #header {
height : 150px ;
background : #425f00 url ( ../images/header_portfolio.jpg ) ;
}

body.contact #header {
height : 150px ;
background : #425f00 url ( ../images/header_contact.jpg ) ;
}

#header h1 {
margin : 0 ;
padding : 0 ;
float : right ;
margin-top : 57px ;
padding-right : 31px ;
}

#sidebar {
float : right ;
width : 280px ;
line-height : 18px ;
}

#sidebar .padding {
padding : 25px ;
}

#sidebar h2 {
margin : 0 ;
padding : 0 ;
padding-bottom : 15px ;
}

#sidebar p {
margin : 0 ;
padding : 0 ;
```

```
padding-bottom : 15px ;
}

#content {
margin-right : 280px ;
line-height : 18px ;
}

#content h2 {
margin : 0 ;
padding : 0 ;
padding-bottom : 15px ;
}

#content p {
margin : 0 ;
padding : 0 ;
padding-bottom : 15px ;
}

#content .padding {
padding : 25px ;
}

#footer {
clear : both ;
height : 66px ;
font-family : Tahoma, Arial, Helvetica, Sans-serif ;
font-size : 10px ;
color : #c9c9c9 ;
border-top : 1px solid #efefef ;
padding : 13px 25px ;
line-height : 18px ;
}

#footer a {
color : #c9c9c9 ;
text-decoration : none ;
}
#footer a : hover {
```

```
color : #425f00 ;
}

#altnav {
width : 350px ;
float : right ;
text-align : right ;
}

.hidden {display : none ; }
```

3 JavaScript 基础

3.1 编程思想与实现

3.1.1 JavaScript 的基本特点

网页设计与制作离不开编程，无论是 JavaScript、ActionScript 还是 ASP、JSP 或 PHP 等，都需要编程思想和编程能力的保证。

JavaScript 一般只对静态网页有效，也就是说，它可以操纵静态页面中的对象或数据完成特定的功能。比如访问浏览器版本、让图片运动起来、判断鼠标的行踪、判断输入数据的合法性等。可以将 JavaScript 脚本直接嵌在 HTML 页中，位置如下：

```
<html xmlns="http：//www.w3.org/1999/xhtml">
<head>
<script language="JavaScript">
</script>
<!—
脚本写在这里。
-->
</head>
<body onLoad="getIE（sampleImg）">
</body>
</html>
```

<!-- --> 标签是让无法处理 <script> 标记的浏览器忽略 JavaScript 代码。一般可以省略，因为现在绝大部分浏览器都可以解释并运行 JavaScript。

当然，和 CSS 相似，也可以将所有的 JavaScript 写在独立的 js 文档中，然后再 HTML 页面添加链接以使得脚本产生作用。HTML 页面中添加的语句如下：

```
<script src="myjs.js" language="JavaScript" type="text/javascript"></script>
```

相对于 <script> 标记，还有一个 <server> 标记。<server> 标记所包含的，是服务器端（Server Side）的脚本。本教程只讨论本地客户端（Client）的 JavaScript，也就是用 <script> 标记包含的脚本。

如果想在浏览器的“地址”栏中执行 JavaScript 语句，用这样的格式：

```
javascript：<JavaScript 语句 >
```

这样的格式也可以用在连接中（以超链接标签为例）：

```
<a href="javascript：<JavaScript 语句 >” >...</a>
```

编程是为了让计算机听得懂人下达的指令，同时又要考虑到人们使用的方便，因此一般用来作编程语言的固定语句都比较清晰易懂，比如 stop、if…then…等。

举个例子，判断一个人是否成年，可以用下面的编程流程来做（英语体现的是编程人的思想）：

IF your age >= 18, THEN you are an adult! ELSE you are still young.

这一句话作为编程者是很好理解的，可以把这种形式固定下来并植入计算机的程序模块，这样机器就可以代替人来判断了。代码如下：

```
<script language="JavaScript">
var yourage = 20 ;
if ( yourage >= 18 ) {
    document.write ( "You are an adult!" ) ;
    }
else{
    document.write ( "You are still young!" ) ;
    }
</script>
```

图 3.1 为利用 if...else...判断语句编写的代码和 IE 显示效果。通过图 3.1 可以看到，简单到记事本这样的工具也是可以编程的，而 Dreamweaver 等软件或编程环境可以让程序编写更方便，辅助性也更强。

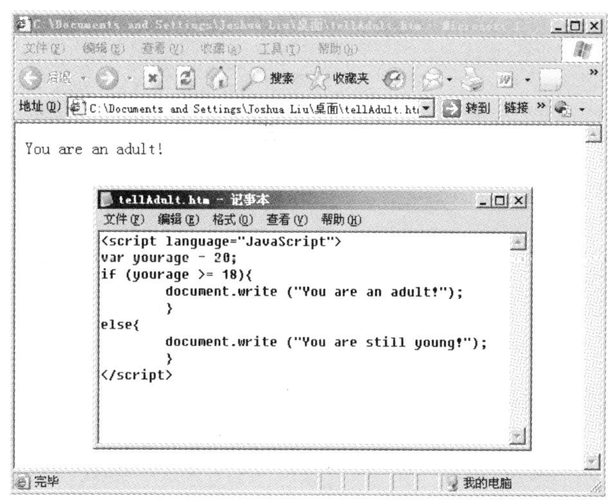

图 3.1

这个小例子涉及到了变量（yourage）、数据类型（20 就是一个整数类型）、表达式（yourage=20）等概念。本章 3.2 节将会系统的讲解这些编程基本概念。

Document.write 用来输出字符“You are an adult”或者“You are still young”。

另一个重要的概念是函数（function）。当实现同一目的的程序有上万行，就有必要将代码组织起来，形成模块，这样看起来更有条理，调用起来也方便。这样被组织起来的代码就是一个函数。

还是以上面的例子为例，如果想判断一个人是否成年，就可以用函数来表达，代码如下：

```
onLoad = tellAdult ( 20 ) ;
function tellAdult ( yourage ) {
if ( yourage >= 18 ) {
document.write ( “You are an adult!” ) ;
}
else{
  document.write ( “You are still young!” ) ;
}
}
```

此程序将会产生和前面的例子相同的网页浏览效果。

值得注意的是，这个例子使用 onLoad 方法来调用 tellAdult 函数。而 tellAdult（20）中的 20 则是作为使用者输入的参数而存在。也就是调用函数的时候，20 将被赋予函数中的参数变量 yourage 而传入函数内部，从而实现显示与调用。

图 3.2 为有函数参与的判断年龄脚本和网页结果。

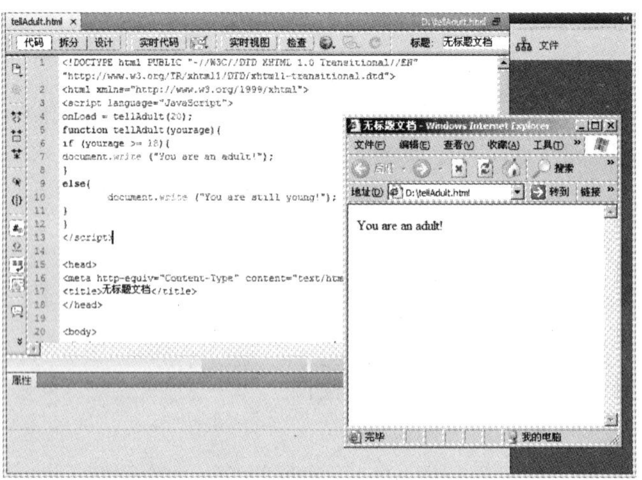

图 3.2

以上的小例子虽然会有很多不完整的地方，但反映了关于 JavaScript 函数的基本特点。这里打个比方，函数就像是一个密闭的制作水饺的容器。假设它有两个参数，一个是面粉，一个是馅料；而它的作用只有一个，那就是生产出水饺。完全不用管容器里面发生了什么，只需确定两个参数就可以享用到美味的饺子了。

在上面的代码中学到了与 document 文档对象相关的编程方法。

Document 文档对象是 JavaScript 中 window 和 frames 对象的一个属性，是显示于窗口或框架内的一个文档。描述当前窗口或指定窗口对象的文档。它包含了网页 HTML 代码中从 <head> 到 </body> 的内容。

Document.write（）是关于 document 对象的一个方法，可以理解为在 document 中写入的动作和结果。其他相关的方法有 open（）（打开文档）、clear（）（清空当前文档）、close（）（关闭文档并停止写入数据）等。

对象的另一个基本的知识点是“属性”。“属性”和“方法”是学习脚本语言必须弄清楚的两个定义，可以通俗的解释为：属性是“对象的什么”，方法是“对象要做什么”。

Document 对象常用的属性有：

document.title // 设置文档标题，等同于 HTML 的 <title> 标签。

document.bgColor // 设置页面背景色。

document.linkColor、alinkColor、vlinkColor // 链接颜色。

document.URL // 设置 URL 属性从而在同一窗口打开另一网页。

document.cookie // 设置和读出 cookie。

3.1.2 脚本程序示例

1. 弹出的网页

上网的时候经常可以遇到弹出的网页。一般，弹出的网页看上去比较精简，没有 IE 的菜单、标题栏等，这样做会起到避免网页变形、减少不必要信息干扰的作用，适合发布公告、制作图册等。

这个实例需要两个网页。首先是包含了按钮的基础网页，还有点击按钮弹出来的目标网页，该网页篇幅一般不宜过大。

基础网页的相关代码如下：

```
<img style="cursor : hand"
onclick="JavaScript : window.open ( 'popup_up.html','_blank','width=400,height=100,
menubar=no,toolbar=no,location=no,directories=no,status=no, scrollbars=yes,resizable=yes' ) "
src="images/btn_popup.gif" width="113" height="29" />
```

图 3.3 为弹出网页实例。在基础网页的相关代码中，包含了与 Window 窗口对象相关的编程方法。

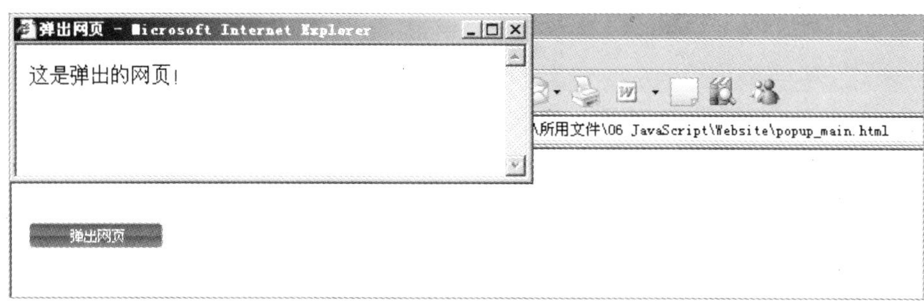

图 3.3

Window 窗口对象作为 JavaScript 内置对象的一种，一般指浏览器的窗口本体。“.”语法引出了 Windows 窗口的一个方法 open，意为打开网页，也就是弹出网页。Window.open 表示要打开一个特定模式的窗口。( ) 中设定了这个方法的几个参数，分别为弹出网页的相对路径（popup_up.html）、是否要在新窗口显示（_blank）、宽度（width）、高度（height）、是否有菜单（menubar）、工具栏（toolbar）、地址栏（location）、连接区（directories）、状态栏（status）、下拉控制条（scrollbars）、是否可以改变窗体大小（resizable）等。

Windows 还有一个有用的方法：Window.close ( )，这个方法可以在点击的时候关闭网页。

上述代码中还会发现一组样式定义用来为图片的鼠标响应产生手形光标，代码为：

```
style="cursor : hand"
```

2. 预读图片

如果网页存在大量的图片，可以利用首页被加载的时间，在后台快速地把其他相关图片预读出来，这个过程就是将文件从服务器搬到本地电脑的过程。图片的预读可以保证网页 JavaScript 效果流畅实现，比如鼠标划过，相关图片会迅速显示，不必等待。

下面列举两组预读图像的 JavaScript。

（1）适合预读少数图片的脚本：

```
var imagePreload = new Image ( ) ;
imagePreload.src = '01.jpg.' ;
imagePreload.src = '02.jpg' ;
imagePreload.src = '03.jpg' ;
```

（2）适合预读多数图片的脚本：

```
function imagePreload ( ) {
  var imgPreload = new Image ( ) ;
  for ( i = 0 ; i < arguments.length ; i++ ) {
    imgPreload.src = arguments[i] ;
  }
}
imagePreload ( '01.jpg', '02.jpg', '03.jpg', '04.jpg', '05.jpg' ) ;
```

两类代码都使用了 var 语句定义了 Image 对象：

```
var myImage = new Image ( ) ; 或
var myImage = new Image ( < 图片地址字符串 > ) ;
```

Image 对象的属性包括 name（名称）、src（图片源）、width（宽度）、height（高度）、border（边框）等，其中针对图片预读，最重要的属性是 src。当对 Image 对象的 src 属性赋值的时候，整个文档的读取、JavaScript 的运行都暂停，浏览器只是预加载图片。

3. 时间与日期代码

网页中内置的时间与日期代码是比较常见的 JS 应用形式，现举一例，代码如下：

```
<SCRIPT language=javascript>
<!--
function Year_Month ( ) {
  var now = new Date ( ) ;
  var yy = now.getYear ( ) ;
  var mm = now.getMonth ( ) ;
   var mmm=new Array ( ) ;
   mmm[0]="January" ;
（因篇幅所限，此处略去其他月份设置）
   mmm[11]="December" ;
   mm=mmm[mm] ;
  return ( mm ) ; }

function thisYear ( ) {
  var now = new Date ( ) ;
  var yy = now.getYear ( ) ;
  return ( yy ) ; }

function Date_of_Today ( ) {
  var now = new Date ( ) ;
  return ( now.getDate ( ) ) ; }

function CurentTime ( ) {
```

```
    var now = new Date ( );
    var hh = now.getHours ( );
    var mm = now.getMinutes ( );
    var ss = now.getTime ( )% 60000 ;
    ss =( ss -( ss % 1000 ))/ 1000 ;
    var clock = hh+' : ' ;
    if( mm < 10 )clock += '0' ;
    clock += mm+' : ' ;
    if( ss < 10 )clock += '0' ;
    clock += ss ;
    return ( clock ); }
function refreshCalendarClock ( ) {
document.all.calendarClock1.innerHTML = Year_Month ( );
document.all.calendarClock2.innerHTML = Datc_of_Today ( );
document.all.calendarClock3.innerHTML = thisYear ( );
document.all.calendarClock4.innerHTML = CurentTime ( ); }
document.write ( '<font id="calendarClock1" > </font>  ; ' );
document.write ( '<font id="calendarClock2" > </font>,' );
document.write ( '<font id="calendarClock3" > </font>  ; ' );
document.writc ( '<font id="calendarClock4" > </font>' );
setInterval ( 'refreshCalendarClock ( )' ,1000 );
//-->
</SCRIPT>
```

图 3.4 为嵌入时间和日期代码的网页。

图 3.4

这段代码涉及了 Date 对象，定义这个对象的方法为：

var now = new Date ;

这个方法使 now 成为日期对象，并且已有初始值。

常用的方法有：

g/setYear ( )：返回 / 设置年份，用两位数表示。设定的时候浏览器自动加上“19”开头，故使用“x.set[UTC]Year (00)”把年份设定为 1900 年。

g/setMonth（ ）：返回 / 设置月份。

g/setDate（ ）：返回 / 设置日期。

g/setDay（ ）：返回 / 设置星期，0 表示星期天。

g/setHours（ ）：返回 / 设置小时数，24 小时制。

g/setMinutes（ ）：返回 / 设置分钟数。

g/setSeconds（ ）：返回 / 设置秒钟数。

g/setTime（ ）：返回 / 设置时间。

以上“g/setXXX”形式的代码表示既有“getXXX”方法，又有“setXXX”方法。“get”是获得某个数值，而“set”是设定某个数值。

此外，这段代码还涉及了“数组”这个知识点，定义数组的方法为：

var mm=new Array（ ）；

作为程序编写的辅助和补充，Dreamweaver 软件也可以通过直观的操作来自动生成脚本、实现效果。比如，可以利用 Dreamweaver 软件制作图片响应鼠标的替换效果。当鼠标滑动到图片上方，图片的替换可以产生很多微妙的按钮变换或缩略图显隐效果。

首先针对每张图片准备两种样式，建议尺寸相同，分别命名为 pic01_org.jpg 和 pic01_over.jpg 等，放置在 images 文件夹中。然后利用 Dreamweaver 软件建立空白网页 exchangepics.htm。

图 3.5 为图片准备缩略图样式，上下两列图片分别代表正常状态和鼠标经过状态。

图 3.5

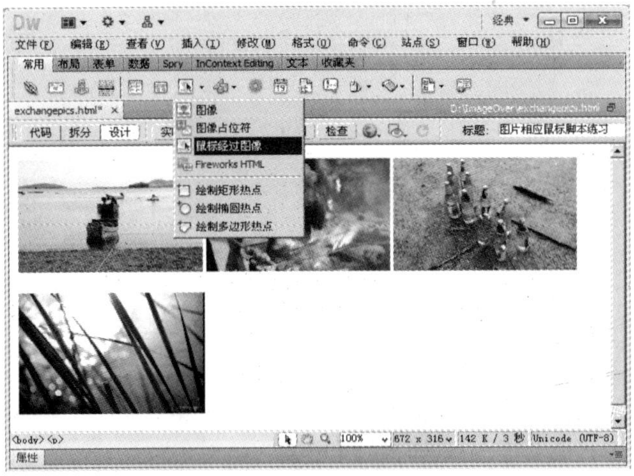

在“常用”工具栏选择图像图标右侧的黑色三角标，选择弹出菜单中“鼠标经过图像”命令。在弹出的“插入鼠标经过图像”对话框中，分别点击“浏览”按钮选择“原始图像”pic01_org.jpg 和“鼠标经过图像”pic01_over.jpg。以此类推，将留张图片都摆放完毕。预览文件，就会得到鼠标经过图片变换图片。

图 3.6 为“鼠标经过图像”命令的位置。图示已经摆放好四张图片了。

图 3.7 为摆放第五张图片的对话框基本设置。

图 3.8 为图片对鼠标的响应效果。

图 3.6

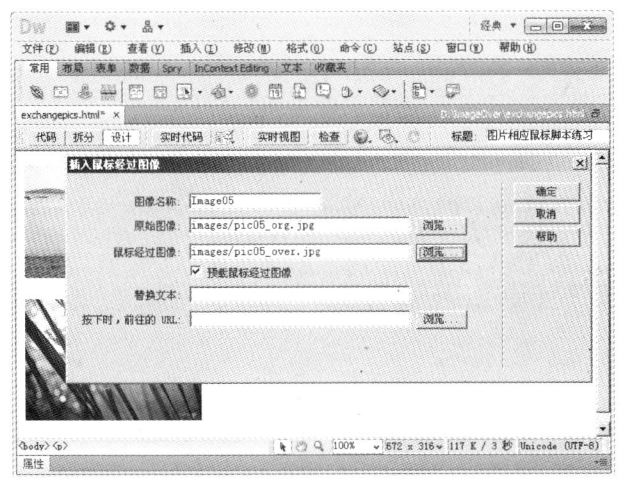

图 3.7

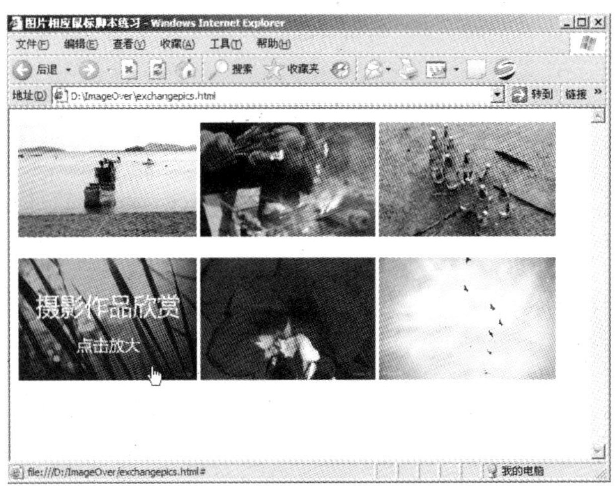

图 3.8

在代码界面中可以找到相关 JavaScript 脚本内容。Dreamweaver 软件提供了很多类似的 JavaScript 效果，这对于初学者而言还是非常体贴的。通过软件生成与代码编写两种方法的结合，可以为不同设计需求找到适合的网页脚本开发方式。

图 3.9 为完成一组图片之后的脚本代码，字符达到 1000 以上。

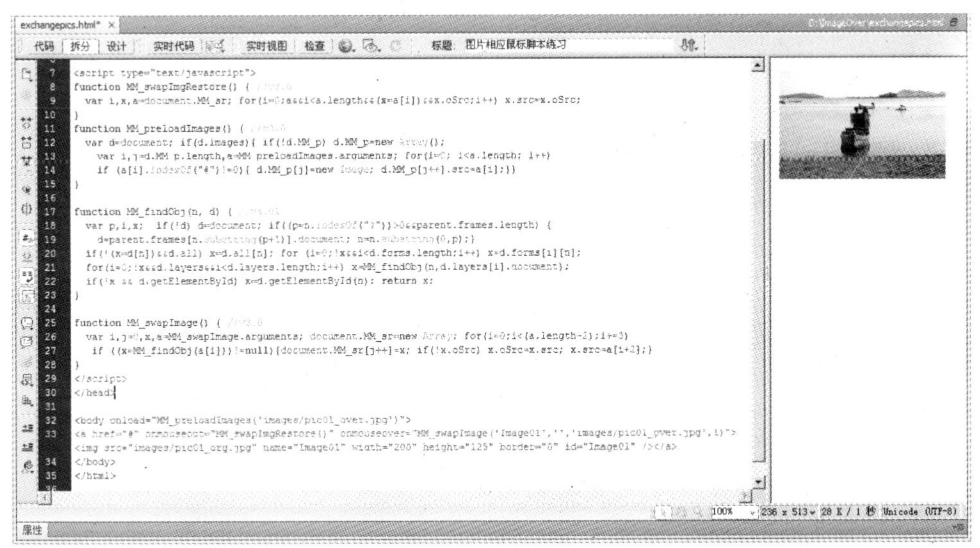

图 3.9

3.2　JavaScript 基本语法

3.2.1　变量

从编程角度讲，变量是用于存储某种或某些数值的存储器。所储存的值，可以是数字，也可以是字符。变量的命名有以下要求：

（1）只包含字母、数字和 / 或下划线。

（2）要以字母开头。

（3）长度适中，便于应用。

（4）不能与 JavaScript 保留字重复（Key Words、Reserved Words，凡是可以用来

做JavaScript命令的字都是保留字）。

除此之外，变量是区分大小写的，例如，apple和Apple是两个不同的变量。实际上，在与各种代码和程序打交道时，注意大小写是一个好习惯。

变量名一般用小写，如果是由多个单词组成的，那么第一个单词用小写，其他单词的第一个字母用大写，这种命名方法通常称之为“camelBack”。例如：myList和myNextList等。

变量需要声明，没有声明的变量不能使用，否则会显示“未定义”信息。声明变量的代码为：

var 变量名 = 变量值;

var本身就是关键字（保留字），这个关键字用作声明变量。

也可简写为

var 变量名 ;

3.2.2 数据类型

JavaScript可以处理的数据类型如下：

- String字符串型，引号内的一串字符，比如“Christmas”。
- Number整数型和浮点型，任何不在引号内的数字都是此类，比如4.6。
- Boolean布尔型，代表逻辑上的“真”或“假”，也就是TRUE或FALSE。
- Null，空值。
- Object，由属性和方法定义的对象（数组也是对象）。
- Function，函数。

此外还要了解转义字符，比如\' 单引号、\" 双引号、\n换行符、\r回车等。

由于JavaScript对数据类型的要求不严格，一般来说，声明变量的时候不需要声明类型。而且就算声明了类型，在过程中还可以给变量赋予其他类型的值。声明类型可以用赋予初始值的方法做到，比如：

var myString = '' ; // 将myString定义为具有空值的字符串型变量。

var myInteger = 0 ; // 将myInteger定义为值为0的整数型。

变量的赋值 一个变量声明后，可以在任何时候对其赋值。赋值的语法是：

变量 = 表达式;

其中“=”叫“赋值符”，它的作用是把右边的值赋给左边的变量，不要与等号（==）混淆。

JavaScript的常数主要有下列几个：

- Null，一个特殊的空值。
- NaN，“Not a Number”。当运算无法返回正确的数值时，就会返回“NaN”值。
- True，布尔值“真”；false，布尔值“假”。

3.2.3 表达式与运算符

与数学中的定义相似，表达式是指具有一定的值的、用运算符把常数和变量连接起来的代数式。一个表达式可以只包含一个常数或一个变量。运算符可以是四则运算符、关系运算符、位运算符、逻辑运算符、复合运算符。

下面举几个表达式的例子，详细的列表请参阅相关资料：

- !x：返回与 x（布尔值）相反的布尔值。
- x++：x 值加 1，但仍返回原来的 x 值。
- x*y：返回 x 乘以 y 的值。
- x/y：返回 x 除以 y 的值。
- x%y：返回 x 与 y 的模（x 除以 y 的余数）。
- 关系运算 x<yx<=y 等，当符合条件时返回 true 值，否则返回 false 值。
- x==y 当 x 等于 y 时返回 true 值，否则返回 false 值。
- x!=y 当 x 不等于 y 时返回 true 值，否则返回 false 值。
- x+=y：x 与 y 相加，所得结果赋给 x，并返回 x。这里要注意等于号“==”和赋值号“=”的区别，不要弄混。
- 逻辑与 x&&y：当 x 和 y 同时为 true 时返回 true，否则返回 false。
- 逻辑或 x||y：当 x 和 y 任意一个为 true 时返回 true，当两者同时为 false 时返回 false。
- 条件 m?x：y：当条件 m 为 true 时返回 x 的值（执行 x 语句），否则返回 y 的值（执行 y 语句）。

注意：字符串型变量不使用四则运算符连接，而是使用“+”和“+=”。

3.2.4　语句

每一句 JavaScript 都有类似于以下的格式：

语句；

其中分号“；”是 JavaScript 语言作为一个语句结束的标识符。

语句块是用大括号“{ }”括起来的一个或 n 个语句。在大括号里边是几个语句，但是在大括号外边，语句块是被当作一个语句的。语句块是可以嵌套的，也就是说，一个语句块里边可以再包含一个或多个语句块。下面列举几种常用语句。

1. 注释

JavaScript 注释有两种：单行注释和多行注释。单行注释用双反斜杠“//”表示；多行注释是用“/*”和“*/”包括的一行或多行文字。对代码进行注释既可以向其他程序使用者提供有用的信息，另外也可以暂时隐去不想要的代码。

2. if 语句

基本句式为：

if（条件）语句 1；else 语句 2；

本语句在开头的“判断年龄”示例程序中已经介绍过这个语句，不再赘述。

3. 循环体

for（变量 = 初始值；循环条件；变量累加方法）语句；

本语句的作用是重复执行“语句”，直到“循环条件”为 false 为止。它是这样运作的：首先给“变量”赋“初始值”，然后判断“循环条件”是否成立，如果成立就执行“语句”，然后按“变量累加方法”对“变量”作累加，再次判断循环条件，如果不成立就退出循环。这称为“for 循环”。下面看看例子。

```
for（i = 1；i < 10；i++）document.write（i）；
```

上面是经典的循环语句，各种编程语言的学习都离不开这种循环的思想。

除了 for 循环，JavaScript 还提供 while 循环，基本句式为：

while（循环条件）语句；

while 循环的作用是当满足“循环条件”时执行“语句”。使用循环语句的时候要避免产生“死循环”。

有时候在循环体内，需要立即跳出循环或跳过循环体内其余代码而进行下一次循环。break 和 continue 可以起到这样的作用。

break ;

本语句放在循环体内，作用是立即跳出循环。

continue ;

本语句放在循环体内，作用是中止本次循环，并执行下一次循环。如果循环的条件已经不符合，就跳出循环。

如果要把某些数据分类，例如，要把学生的成绩按优、良、中、差分类，使用 if 语句程序会显得烦乱。switch 语句可以解决这个问题，基本句式为：

```
switch（表达式）
  {case 常量表达式 1 : 语句组; break ;
   case 常量表达式 2 : 语句组; break ;
    ......
   case 常量表达式 n : 语句组; break ;
   default : 语句组; break ;
  }
```

3.3 对象与事件

3.3.1 文档对象模型

在编程这个领域常提到的“对象”是可以是一段文字、一张图片，也可以是一个表单（Form）等。每个对象一般有它自己的属性、方法和事件。引用对象的任一“性质”用“对象名 . 性质名”这种语法形式，“.”符号在程序编写中起到重要的桥梁作用。

下面说说文档对象模型（DOM，Document Object Model）。有些时候需要对一些对象比如 Table 或者图片等下达命令，这就要为这些特定的编程对象进行梳理。一般这些对象模型分为如下层次，有的在前面小节已经作了介绍：

- Window。
- Document-History-Location。
- Form。
- 表单控制元素，比如 button、textarea 等。

以上四个级别由高到低。Window 是层次的最顶部。紧跟 Window 是网页这个级别，也就是 document，可以理解为一个网页文档在 window 环境中打开。与 document 同级别的还有 history 和 location。比如，网页的历史导航就要用到 history 文档对象模型。

在 document 中有 link、anchor 和 form 三个级别。其中 form 是比较重要的组件，里面包含了按钮、文本框等，用英文来表达有：text（文本框）、radio（单选框）、button（按钮）、textarea（文本域）、checkbox（多选框）、reset（复位键）、password（密码域）、submit（提交按钮）、select 和 option（这两者就是下拉选择框了）。这些空间在 Window 操作系统中很常见。

文档对象要有自己的名字，以便程序调用。命名原则如下：

- 不能有空格。
- 除了下划线外不应该包括标点符号。
- NAME 属性必须包括在括号之内。
- 不能以数字开头。

实际上这些命名规则也基本可以扩展到其他程序语言，要特别注意编程的严谨性。

如何定义文档对象模型。以下从属性、方法和事件处理三个方面来解释。

举一个按钮的例子。

<INPUT TYPE=" button" NAME=" clicker" VALUE=" Hit Me …" >

这个按钮的一个属性叫 NAME，值为“clicker”；另一个属性为 VALUE，也就是按钮上显示的内容，本例中此属性的值为“Hit Me…”。由此可以看到，属性是程序定义好了的，数量也很多，如果不专门制定，将采取默认值。

如果要引用这个 button 的属性，要用到下面的表达式：

document.formName.clicker.name

document.formName.clicker.value

如果说属性是描述对象的形容词，那么方法就是动词，方法是所有和对象相关的动作。比如下面的语句：

document.orderForm.submit（）

这个语句描述了一个提交按钮被点击的动作，可以想象在写完一段话之后单击“提交按钮”的过程。

write 方法也比较常用：

document.write（“Hello, world!”）

下面说说事件处理。事件是指文档中的动作，比如鼠标点击等。JavaScript 侦测到这些动作，特定的对象就会执行相应的语句命令。比如：

<INPUT TYPE=" button" VALUE=" Click Me" onClick= " window.alert（‘Hi!’）" >

上例中的按钮对象将对鼠标点击做出反应，然后利用 alert 方法显示警告信息。

3.3.2　JavaScript 对象

本节仅列举出常用的基本对象及其属性、方法，读者可在熟练掌握之后查阅更多相关资料并进行实践。

（1）Number“数字”对象。

常用的属性有：

MAX_VALUE，用法：Number.MAX_VALUE ；返回“最大值”。

MIN_VALUE，用法：Number.MIN_VALUE ；返回“最小值”。

常用的方法有：

toString（ ）用法：数值变量 .toString（ ）；返回：字符串形式的数值。

（2）String 字符串对象。声明一个字符串对象最简单、快捷、有效、常用的方法就是直接赋值。

常用的属性有：

Length，用法：字符串对象 .length ；返回该字符串的长度。

常用的方法有：

indexOf（ ）用法：

字符串对象 .indexOf（另一个字符串对象 , 起始位置）；

该方法从“字符串对象”中查找“另一个字符串对象”，如果找到了，就返回它的位置，没有找到就返回“-1”。所有的“位置”都是从零开始的。

（3）Array 数组对象。数组对象是一个对象的集合，里边的对象可以是不同类型的。数组的每一个成员对象都有一个隐形“下标”，用来表示它在数组中的位置，从零开始计数。

数组的定义方法：

var 数组名 = new Array（ ）；

这样就定义了一个空数组。以后要添加数组元素，就用：

数组名 [下标] = ... ；

此例中的方括号是固定的用法，内含数组的下标序号。

如果想在定义数组的时候直接初始化数据，代码为：

var 数组名 = new Array（元素 1, 元素 2, 元素 3...）；

JavaScript 只支持一维数组。

常用的数组属性：

Length，用法：< 数组对象 >.length ；返回：数组的长度，即数组里有多少个元素。它等于数组里最后一个元素的下标加 1。添加元素的代码如下：

myArray[myArray.length] =（元素）。

（4）Math“数学”对象。此对象提供对数据的数学计算。

常用的属性有：

E 返回常数 e（2.718281828...）。

PI 返回 π（3.1415926535...）。

SQRT2 返回 2 的平方根。

常用的方法有：

abs（x）返回 x 的绝对值。

exp（x）返回 e 的 x 次幂（ex）。

floor（x）返回小于等于 x 的最大整数。

max（a, b）返回 a, b 中较大的数。

random（ ）返回大于 0 小于 1 的一个随机数。

round（x）返回 x 四舍五入后的值。

（5）Date 日期对象。前面已结合实例讲解。

（6）全局对象（“Global 对象”）。全局对象从不现形，它可以说是虚拟出来的，目的在于把全局函数“对象化”，此处不再详述。

（7）函数。所谓“函数”，是有返回值的对象或对象的方法。常见的函数有：构造函数［如 Array（ ），能构造一个数组］、全局函数（即全局对象里的方法）、自定义函数等。

定义函数用以下语句：

```
function 函数名（参数）{
  ……
  [return 值；]
  ……
}
```

函数名的命名原则与变量名相近，只包含字母数字下划线、字母排头、不能与保留字重复等。

函数的参数可选，内部有一至多行语句。函数的内部语句不会立即执行，只是当其他程序调用此函数时才执行。“return”语句可让函数立刻停止执行，并返回到调用它的程序中。如果“return”后带有值，则退出函数的同时返回该值。

除了上面列举的基本对象，要特别说一下表单对象，包括按钮、文本框等很多有用的表单元素。我们已经可以利用所学制作很多种表单布局的网页，但这仅限于模仿，如果要让那些按钮、文本框等发挥作用，就要利用好 Form 表单对象的各种属性和方法，比如利用 action 属性返回 / 设定表单的提交地址，利用 method 属性返回 / 设定表单的提交方法、利用 reset（ ）方法重置表单、利用 submit（ ）方法提交表单等。

3.3.3　JavaScript 事件处理

1. 事件处理概述

事件处理是对象化编程的一个很重要的环节。事件处理的过程可以这样表示：事件发生 -> 启动程序 -> 作出反应。事件的处理程序可以是任意 JavaScript 语句，也可以是自定义函数（function）。

2. 三种指定事件处理程序的方法

方法一，直接在 HTML 标记中指定，举个例子：

```
<body ... onload=" alert（‘欢迎访问我们的站点！’）" >
```

在该网页读取完毕的时候弹出信息：“欢迎访问我们的站点！”。

方法二，编写特定对象特定事件的 JavaScript，代码为：

```
<script language="JavaScript" for="window" event="onload">
 alert（‘欢迎访问我们的站点！’）；
</script>
```

方法三，在 JavaScript 中说明。方法：

对象 . 事件 = 事件处理程序；

示例代码如下：

```
function ignoreErr（ ）{
 return true ；
}
```

```
window.onerror = ignoreErr；
```

这个例子中的 ignoreErr（ ）函数将忽略该 window 对象下的任何错误。

3. 其他典型事件举例

onblur 事件，发生在窗口失去焦点的时候。

onclick 事件，发生在对象被单击的时候。

onmouseover 事件，发生在鼠标进入对象范围的时候。这个事件和 onmouseout 事件配合，再加上图片的预读处理，就可以实现鼠标移到图像上更改该图像的效果。

下面的代码将使鼠标放在超链接上的时候浏览器状态栏显示自定义内容：

```
<a href="..." onmouseover="window.status='这个内容是自定义的！ '；return true；"
onmouseout="window.status=''；return true；">
```

4　网页平面设计强化

4.1　网页设计与色彩

把握设计作品的色彩，要注意两点：一方面以自然为师、以生活为师，矫正不符合现实的颜色表现；另一方面也要善于把握“源于生活、高于生活”的道理，发现并营造新的颜色体系，使自己的作品脱颖而出。

1. 平面广告中的色彩

平面广告因为品牌的稳定性与宣传的连续性，往往特别注重画面的构图与色彩表现。比如动感地带品牌广告，连贯的“降饱和”色调和“古铜色”的模特肤色，定义了一种年轻时尚色彩风格，突破了固有的几种新鲜色彩的限制。再比如汽车、化妆品等商品的广告，其色彩搭配也都彰显行业个性。

图 4.1 为从左至右依次为动感地带、宝马和兰蔻的平面广告（网络图片）。

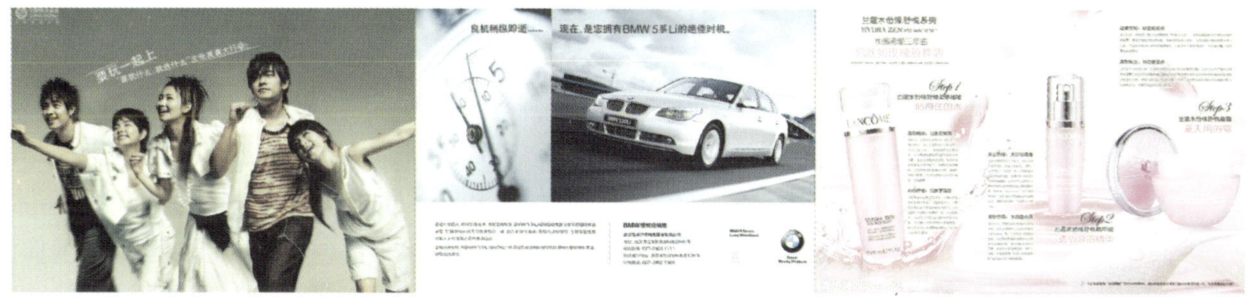

图 4.1

2.VI 色彩

日常生活中接触标志与 VI 的机会很多。比如，麦当劳门店上方大大的嫩黄色“M”字样可以有效地吸引需要饱餐一顿的人们；进入超市或者专卖店，人们也很容易被某种商品的品牌色彩吸引。所有的这些都和品牌标志及其主色、辅助色有关。

网页版式设计往往就是 VI 扩展的一种，与网站主体的 VI 体系一脉相承，这也是在设计中需要特别注意的地方。

图 4.2 为可口可乐公司旗下的各品牌都有自己鲜明的 VI 主色（网络图片）。

图 4.2

3. 其他商业色彩

商业色彩包含着对自然色彩的提炼，有利于品牌展示与商品、服务的售卖。比如，旅游类网站选择特定的蓝绿搭配；大部分购物网站都采用了橙、兰、灰的配色模式；而餐饮行业则多选择褐、黄、红等配色模式。

商业设计中，配色是一门很基础的学问。每一种色彩单独拿出来无所谓好与坏，只有进行组合，才可以明确的传达色彩感情，甚至不常用的颜色如果组合的好，效果更是别具一格，这也就是我们常说的高级色。

典型的配色原理利用色彩带给人的感情变化来分类，比如冷、暖、镇定、热情、严肃、活泼等。每一种色彩倾向又贴合不同类别的行业与商品属性。色彩搭配已经独立成了一门行业，在时尚与商业设计产业发挥着重要的作用。掌握了一定的配色本领，在网页版式设计这个环节才可以做到得心应手。

4.2 IT 视觉设计特征

4.2.1 IT 行业的严谨性

计算机基本视觉语言面向计算机操作系统和相关客户端软件的设计。网络媒体设计虽然面向各行各业，但毕竟有着强烈的 IT 特征，其实质是数字化的设计产品，因此必须要考虑到 IT 视觉设计的特点，其中最重要的是“严谨性”。

IT 行业在技术层面与计算机程序和代码打交道，而后者的严谨性决定了任何不规范的行为都会导致软件运行的失败。这种行业特征也有助于我们为其进行视觉特征定位。比如，对于 IT 类客户的设计，一般用纯净的蓝、白、灰的色调，外加利用严谨的内容模块设计来实现这一目的。对于其他行业，虽然颜色上会有更多的选择，但内容规划和设计细节仍然要落实到电子化、数字化这一设计层面。举个例子，即便是为面食店设计的网站，其大段介绍文字也不易选用过于个性化的字体，要保持清晰可读的特性。

IT 视觉设计的严谨性体现了“内容为王”的设计思想。这方面，有很多设计理论可供我们参考。比如“最好的设计就是没有痕迹设计”、“设计就是做减法”等。没有内容的网站设计最终将会失去读者，也就失去了设计的意义。严谨性可以最大程度的保证内容的正确显示，在高效传递信息的同时，也带给读者安全感，即对网站内容的信任。

下面举一个例子。很多个人博客都是利用开源博客程序 WordPress 自行搭建的。有一类基于 WordPress 的博客几乎只有文字，很少有图片装饰，只是必要的线条和资料照片。但即便这样，依然可以清晰地分辨出网页各模块之间的关系。

图 4.3 为 Wordpress 博客页面。

“严谨性”还有助于推动网络信息的权威性。网络的飞速发展也带来了信息的泛滥，网页设计的门槛也越来越低。这种情况下，更需要“专业”与“科学”的设计理论指导下的网络媒体设计，使特定的电子文本页具备相应的权威性。

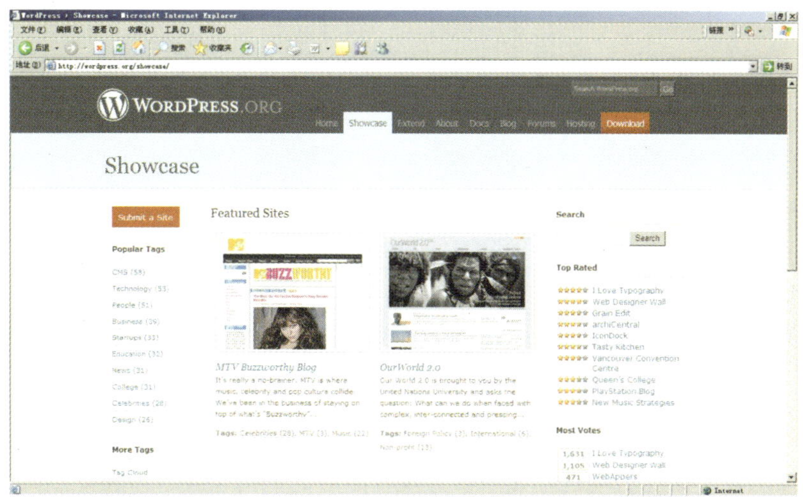

图 4.3

4.2.2　人机交互体验

人机交互学说自成体系，本节仅从网络媒体设计的角度简单介绍。

Twitter 界面设计师 Vitor Lourenco 宁愿称自己为“用户体验设计师”而不是“网页设计师”。看来，用户体验，也就是人机交互界面设计对于用户的感受是非常重要的。做设计除了要体现设计师自身设计特色，还要把自己假象为用户，这样的设计才是有生命力的。

图 4.4 为 Twitter 网站界面设计及设计师 Vitor Lourenco（左，网络图片）。

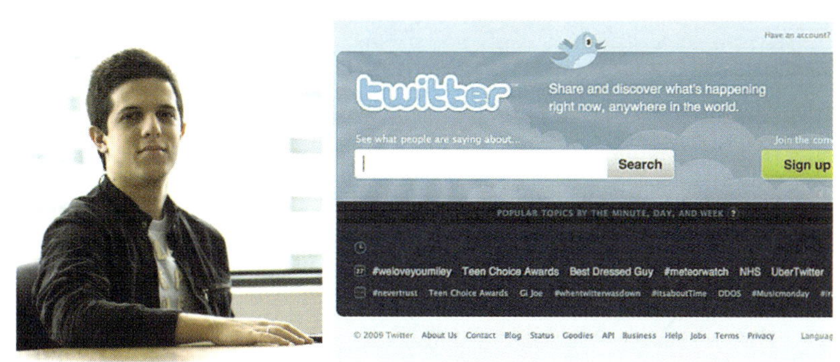

图 4.4

人机交互界面设计包括界面设计、图标设计、控件设计、统计数据等多个方面，现挑选出以下几个与网页设计有关的基本细节来探讨。

（1）浏览习惯：和普通的书籍阅读相比，网站有着特定的浏览方式。另外，显示器的特性也要求设计必须考虑使用者的阅读舒适度，如不能设计过小的字体。另外，由于网络浏览的超链接内容组织形式，还要注意链接点和链接路径的科学性。网页中要包含必要的章节提示和网站地图指引。对于链接目标打开方式的选择，也就是 _blank 和 _self 两者的取舍，也要考虑到网站特点和阅读者的方便。

在线电子杂志则要考虑到浏览者的一系列翻页习惯，同时不断创新超媒体的阅读方式，方便读者随时到达阅读目的地。

（2）色彩：因为屏幕浏览的原因，在符合基本的 Web 行业特征的前提下，网络媒体色彩设计还要考虑到数字化阅读的颜色使用习惯。在照顾到最基本的阅读舒适度的前提下，进一步研究色彩学，以便设计出与行业特色相适应的配色体系。

白色背景色网页一般具备原始的、中性的、信息为主的属性，比如搜索网页、门户网站等；黑色背景色的网页则反映了个性的、时尚的倾向；低纯度、旧色背景网页则大多与文化性、传统性的网站联系在一起；各种彩色背景色网页一般是遵循相应的VI颜色系统的结果。

（3）图形：除了传统行业要求的基本图形设计和辅助图形设计以外，对于新兴的数字化行业，比如软件公司、手机媒体等，还要致力于开发符合新时代数字化生活基本规律的图形系统，比如聊天工具的表情系列、新版操作系统的图标系列等。

（4）特殊组件和图形系统：对于按钮等特殊的组件，要注意易用性和美观的完美结合。利用特定设计工具可以方便的生成一些有特点的图形图像，比如规则型、渐变、阴影效果等，要利用好这些元素，为设计服务，同时避免过度使用。

总之，从事IT相关设计工作也必须紧跟时代潮流，使用先进的设计理念和设计方法，保证产品即成熟又有创新点，满足使用者对于新产品的渴望。从经济的角度，稀缺设计技术也是商业价值与可观利润的保证。

4.3 分类网站视觉设计赏析

网站设计是面向行业的设计。把握各行业特征，应用恰当的视觉语言，是网站设计成功的基础。许多知名IT公司的网站设计源于其各自的IT品牌设计，这与美国相关行业的技术集中和技术优势有关，相关网络媒体设计更多反映了西方设计的理性与严谨。

在东方风格的网页设计中，日本与韩国渐已形成成熟的风格，各成一派，让人印象深刻。我们国家的网站设计水平也在迅速提高，引人瞩目。东方的艺术设计利用自身特有的细腻和含蓄去实践IT行业的理性与严谨，形成了鲜明的特色。随着设计潮流的发展和成熟，这种设计实践一方面独具风格，另一方面也在创新方面遇到了一些困难。无论如何，设计发展过程出现的宝贵设计思想对我们的学习是大有帮助的。

在下面的分类讲解中，所选网站皆为西方简约设计风格，大家可以根据自己的理解，总结网站视觉设计与行业类别之间的关系。

4.3.1 电子商务类网站视觉设计

电子商务类网站强调的是买家在纷繁的信息中可以快速地找到对自己有用的那一部分。除了设计的冲击力外，更要兼顾海量信息安排的条理性。这类网站个性一般不是那么强烈，色彩选择趋向安静、平稳，比如蓝色、绿色和灰色等颜色的搭配。

Amazon.com（亚马逊）是总部设在华盛顿州西雅图的一家电子商务网站，是美国最大的在线零售商，其网络上的销售额大约是美国最大办公用品零售商Staples的三倍。成立将近10年的时间，Amazon.com的网站也多次改版。目前的主菜单由横栏改为侧栏。网站总体采用白色背景色、蓝色链接色和黑、蓝和橙色的搭配，体现了包括科技产品、图书、生活用品等在内的全面产品体系。产品区域按照广告宣传的重要程度从面积到设计都作了相应的安排，侧栏的宣传模块也体现了简洁、主次分明的特点。

图4.5为Amazon.com网站视觉设计（截图时间：2011年11月25日）。

图 4.5

4.3.2　企业门户类网站视觉设计

企业门户类的网站相对于电子商务而言信息量不大，但要求体现企业的商业属性。企业门户首先以企业的产品与服务为主构建网站。既要根据产品的销售热度而在主页辟出相当的面积进行商业件展示，也要提供丰富的服务支持和公司背景资料供参阅。

Lenovo.com 是联想集团的官方网站。联想集团于 1984 年在中国北京成立，到今天已经发展成为全球领先 PC 企业之一，由联想集团和原 IBM 个人电脑事业部组合而成。这种组合的结果使得我们可以在 Lenovo.com 的主页感受到国际化企业的设计风格。Lenovo.com 首页的设计以白色为主，黑色、浅蓝和深灰作为配色，显得很清爽，同时也为产品广告浓烈的色彩让路，使整个网页设计浓淡相宜。要注意的是，从网页结构上看，很多国际化企业的门户网站都已经具备了完善的模块结构，比如产品（Products）、解决方案（Solutions）、服务（Services）等，这也体现了以产品为代表的公司网站内容体系中各模块之间的紧密联系。

图 4.6 为 Lenovo.com.cn 网站视觉设计（截图时间：2011 年 11 月 25 日）。

图 4.6

4.3.3　时尚类网站视觉设计

服装类网站倾向于时尚设计，因此如何应用相关元素以符合网站的时尚属性是最大的难题。

J.Crew 是来自美国的休闲服装品牌，在美国本土非常受欢迎。该品牌种类繁多，价格亲民，定制方式多样，颜色活泼而有分寸。Jcrew 网站整体追求清新的风格，有助于用户条理清楚地浏览网站。二级页面的设计基本可以划归到在线购物网站的范畴。

截止到目前，可以看到网上购物模块已经融入到各种类型的网站之中了。Jcrew.com首页的主题图片的设计是品牌设计文化的重要方面，反映了时尚设计、平面设计等诸多设计层面的配合。

图 4.7 为 Jcrew.com 网站视觉设计（截图时间：2011 年 11 月 25 日）。

4.3.4 教育类网站视觉设计

因为教育事业的蓬勃发展，当下教育类网站建设数量也越来越大。教育所涉及的范围很广，要针对不同年龄段的教育展开不同特色的设计（包括各类学校的官方网站）。

Osu.edu 是俄亥俄大学的官方网站。俄亥俄大学（OHIO UNIVERSITY，OSU）位于美国俄亥俄州，成立于 1804 年，校龄近 200 年，是俄亥俄州第一所大学，是美国旧西北区最早成立的第一所高等教育学术机构，距离俄亥俄州首府哥伦布市（Columbus）大约 120 公里。

和公司网站一样，学校网站的设计也要把握主次，将学校的学科亮点或者是最新活动放在网站的醒目之初。另外，图片的选择要体现和谐向上的学习氛围，拉近读者和网站的距离，仿佛时刻在表达这样的视觉倾诉：加入到我们当中来！这是和公司网站不同的地方。本例以蓝、白、灰打下淡雅的调子，穿插“惜墨如金”的红色，包括标志、装饰条和某些广告模块背景，显得格外醒目。

图 4.8 为 Osu.edu 网站视觉设计（截图时间：2011 年 11 月 25 日）。

图 4.7

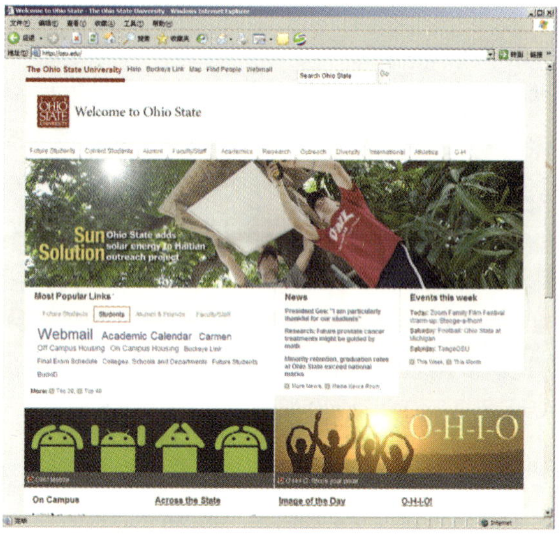

图 4.8

4.3.5 健康类网站视觉设计

健康类网站的配色显得很重要，要给人以干净、舒适的视觉感受，某些色彩已经成了行业色了，比如“齿科蓝”等。

Dentalsite.com 是一家汇聚牙科信息的网站。在这个网站中，可以查询到全美的眼科医生、牙科诊所及与此行业相关的各种信息资源。作为健康类信息站点，首先使用传统的蓝白色作为主色；特别提到的是主题图片的简介设计和与之相符的标题色（褐色）。蓝色的层次控制得当，使整个网站设计达到“简约而不简单”的效果。

图 4.9 为 Dentalsite.com 网站视觉设计（截图时间：2010 年 6 月 15 日）。

4.3.6　饮食类网站视觉设计

饮食类网站的最大挑战是设计要为人的食欲服务。一般来说，褐、黄、奶白、深绿等颜色都可以做到这一点。此外，因为食品类照片往往划归为静物摄影范畴，因此更要保证图片的高质量。

Haagendazs.com 是哈根达斯集团的官方网站。哈根达斯冰淇淋 1921 年诞生于纽约布朗克斯。如今，不仅在全美，在全球都是极受欢迎的品牌。无论在那里，只要提到“哈根达斯”，人们就会想起极其美味诱人的冰淇淋，“哈根达斯”成为优质生活和品位的象征。Haagendazs.com 首页有着清晰的栏目设置和丝绸质感的配色（渐变色也起到了很重要的作用），后者与产品的细腻口感有着异曲同工之妙。各模块之间的设计虽然不追求无缝衔接，但总的来说疏密有致，重点突出。图 4.10 为 Haagendazs.com 网站视觉设计（截图时间：2011 年 11 月 26 日）。

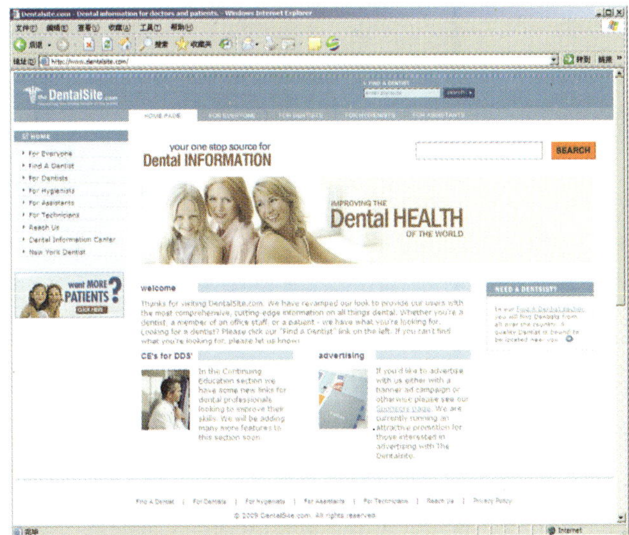

图 4.9

图 4.10

4.3.7　旅游类网站视觉设计

旅游网站要彰显地域特征，这就使得其样式不能“千篇一律”。但时下的宣传热点无外乎“城市之繁华”和“乡村之原生态”两个主题，尤其在环保理念日益受到重视的今天，色调亮丽清爽的“绿色”网站设计更容易吸引人的眼球。

Lonlyplanet.com 源自于托尼·惠勒和莫琳·惠勒夫妇以及他们的一本传奇旅行指南《便宜走亚洲》（Across Asia on the Cheap）。该网站不同于旅行手册，具备着浓浓的 Web2.0 属性，而 Web2.0 的“人人参与”特别适合于需要每个人亲自步量的旅行主题。网站配色肯定、大气，栏目划分明晰、轻盈，每个细节无不透漏着旅行者中意的那份清澈与豁达。

图 4.11 为 Lonelyplanet.com 网站视觉设计（截图

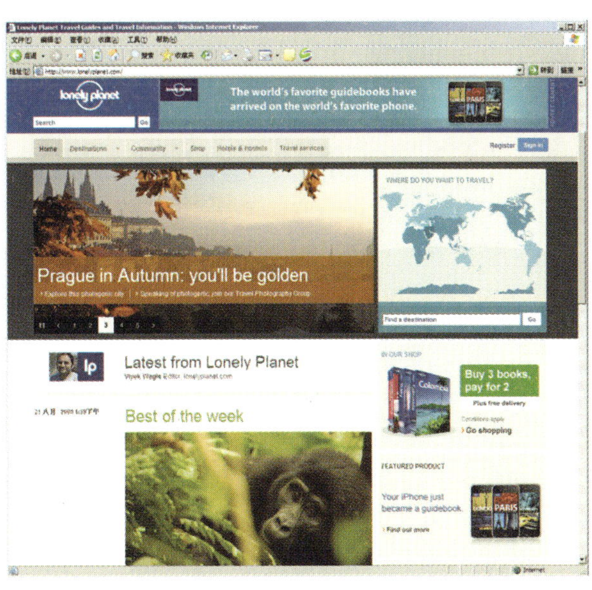

图 4.11

时间：2010 年 6 月 15 日）。

本节提到的各示例站点都未显示子页面。实际上，主页与二级、三级页面之间的设计关系决定了整个站点设计的整体性和严谨性。具体说来，注意以下几个方面：

（1）网站标志：既要保证标志的延续性和稳定性，还要注意首页和低等级页面不要重复强烈的标识展示。

（2）色彩：一般来说，网站依据主体 CI 所设定的色彩不易轻易变更。另一方面，在主色调不明显的情况下，对于每个二级页面可以设定一个同一饱和度的色彩序列以对应不同栏目。

（3）菜单：主菜单的位置应该相对稳定，并随着页面等级的深入产生新的菜单。

（4）位置导航：一般来说，对于每个页面设定可以访问链接的位置导航，如“首页 > 产品”等。

4.4 像素化设计

4.4.1 像素化设计简介

像素化设计是计算机视觉设计的重要门类，也可以为网站视觉设计打基础。了解并掌握像素化设计，可以在最基本的层面把握页面视觉效果和基本图形的设计。

电脑设计离不开像素的概念。像素是什么？可以认为它是组成图像的每一个点，甚至也可以把它想象成一个方块儿形状的点，这样就可以解释为什么在 Photoshop 画布上，25% 与 33% 两种显示比例看上去大不一样。

像素画，顾名思义，是利用像素点组成的画，但还不充分——保留像素的单元化视觉属性，强调每一个像素点独立发挥作用。

将传统设计概念中的元素以像素画的形式表现出来就是像素化设计。最简单的像素化设计莫过于 1px 见方的像素点了。这是数码设计中最踏实、最精确的点了。像素化设计分为像素化图标和艺术图片设计等，随着像素化设计的发展，其设计理念逐渐被建筑、环境设计等设计门类借鉴和应用。

像素图就是使用最基本的像素点进行绘制的位图图标，在这里像素图和普通位图的区别就是在于是不是用像素点进行绘制，因为普通位图可以用各种软件生成，而像素图标需要设计师去用像素进行精确的绘制。像素图标的通常在小尺寸、色彩数量少的情况下使用。像素图标的出现不是偶然的，在最初计算机性能低下，为了节省体积、制作方便、读取快速，像素图标是最好的选择。

图 4.12 为 QQ 的个人形象是像素画的最好例子，可以将它们与很多时尚图片联系起来。

像素化艺术图片可以说是面积更大、内容更丰富的像素图标。同时，“像素化”已经成为很多新锐艺术家的创作手法，比如像素艺术中著名的“像素大楼”，由全世界的像素画爱好者共同建成。先是由发起者给出大楼顶部和底部，中间的楼层由参与者们按照固定格式采用不同风格完成，在网上提交成品，再由发起者在网页上组装成成型大楼。大楼高度最后达到数千米。再扩展开来，建筑设计师也已经将像素化的手法应用在现代建筑设计之中，体现了像素化设计的生命力，比如 2010 年上海世博会新加坡馆的一例入围作品［图 4.13（b）］。

图 4.12

图 4.13 为虚拟的像素大楼局部图 4.13（a）和 2010 年上海世博会新加坡馆入围作品图 4.13（b）。

（a）　（b）

图 4.13

图 4.14 为像素手法海报设计《工夫四相》（设计者：刘立伟）。

图 4.14

在软件界面或者网页平面中，像素化设计分别体现在背景装饰、按钮、分割线、模块边框、图标等元素之中。此外，操作系统的设计升级影响着软件界面和图标体系的设计。比如 Vista 的图标因为图标面积的扩大，以及透明元素的引进，使得设计更加富有个性。

由于网页设计的阅读环境所限，针对网页的设计必须从像素层面出发，细致准确，在有限的屏幕空间里面安排好各元素。

4.4.2　像素化设计实例

1. 像素箭头

像素箭头的设计虽然简单，但可以培养设计者观察像素图形构成单元的能力。通过使用 Photoshop 的铅笔工具在 1px 笔刷大小的情况下利用拼贴和对称关系进行设计。

图 4.15 像素箭头的构成和 1∶1 效果。

2. 虚线

利用虚线来区分行或列是网页设计比较常用的方法。单元线段的拼贴可以组成无限延长的虚线背景，每个单元线段由填充色和透明色组成，不同的比例可以产生不同的虚线样式。

图 4.16 为一种样式的虚线单元图片（左，宽 1px，高 5px，其中黑色为像素填充，白色为透明，也就是生成单元格图片的格式为 GIF 并支持透明）和应用效果（右）。

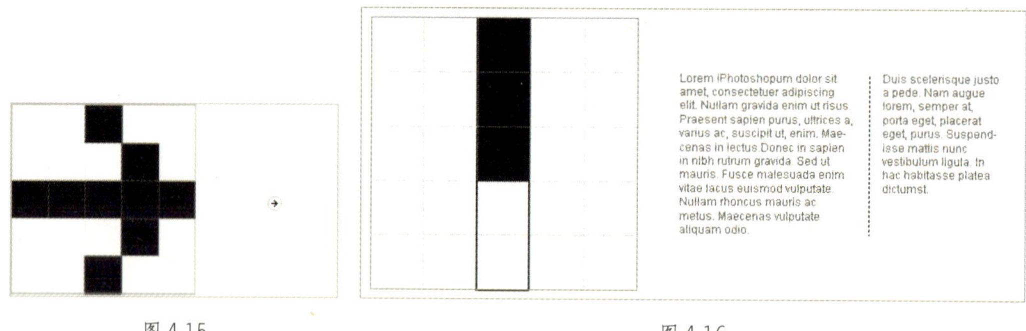

图 4.15

图 4.16

3. 斜条背景的设计

前面讲到了利用单元面积的图片进行排列来实现背景图片的原理。那么，如何根据设计的假想效果来确定单元图片呢。以像素斜条背景为例，可以分为以下两种情况：第一种是国际象棋格样式，可以看成是密度最大的斜条背景了，因为其已经不具备倾斜的方向性；第二种是密度依次减弱的各级斜条背景，这取决于视觉设计的要求，疏密度对于视觉效果影响很大。

那么，如何根据假想的视觉效果来确定单元图片呢。这里可以利用“逆推”的方法。首先手工建立假想效果，体量适中，然后分析其中起到单元图片作用的面积，可以借助 Photoshop 的选框工具来划分区域，并最终裁剪为单元图片。

将最后形成的单元图片设置为网页背景，网页的斜条背景就设置完毕了。

图 4.17 为各种疏密度的像素背景及其单元图片举例（每个方块代表一个像素），单元图片的样式不是唯一的。

4. 立体效果按钮

按钮的样式很多，下面介绍其中的一种。

首先，利用两种灰度确定按钮的边框；然后，在按钮的内部划分出上下两个区域，上半部分填充由上至下渐深的灰度像素条；下半部分反之；设计的过程中要控制总体颜色，上半部分比下半部分略浅。最后可以在按钮上放置文字。

图 4.18 为像素化立体效果按钮的基本结构图 4.18（a）和实际效果图 4.18（b）。

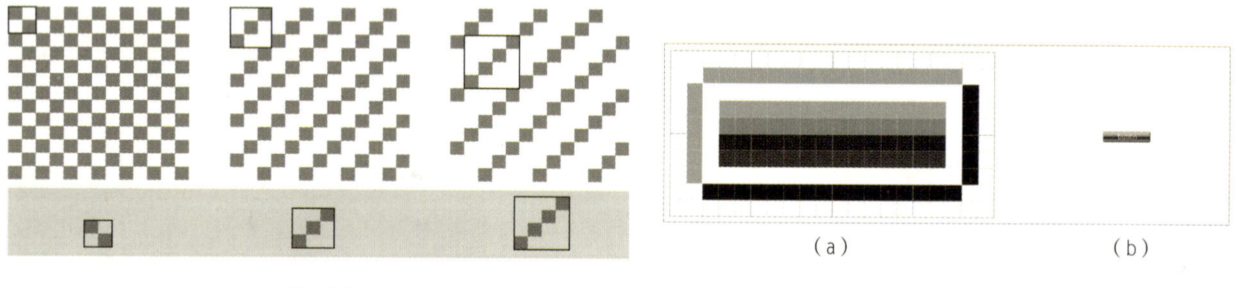

（a）　（b）

图 4.17

图 4.18

Network Media Design

Flash 网页设计

Flash 网页针对于基础层面的软件使用和交互设计，包括了 Flash 动画设计、Flash 广告设计和 Flash 架构网页设计等内容。与静态网页相比，Flash 架构网页由于在软件中内置了面向对象编程的 ActionScript 脚本，其动画效果更易实现。同时，Flash 架构页面结构的变化大多封装在同一个文件中，而不是分页面展示。应该说，两者的设计与开发本质是不同的。

本书推荐模块化的 Flash 网页学习方法。即首先确定 Flash 网页设计的基础框架，然后通过不同功能模块的单独学习掌握设计和脚本编程方法，最后通过其他类型场景转换与内容框架的扩展来实现整合，满足不同设计目的。

5 Flash 软件使用基础

5.1 Flash 软件简介

5.1.1 Flash 软件基本工具

Flash 拥有自身的矢量图形设计方法，这是 Flash 创作的基本方式。Flash 的曲线设计结构与方法与 Photoshop 大体相同，只是在外观、曲线弯曲特性和填充上略有不同。

图 5.1 为 Flash 的钢笔工具（Pen tool）以及其所描绘的贝塞尔曲线形式。

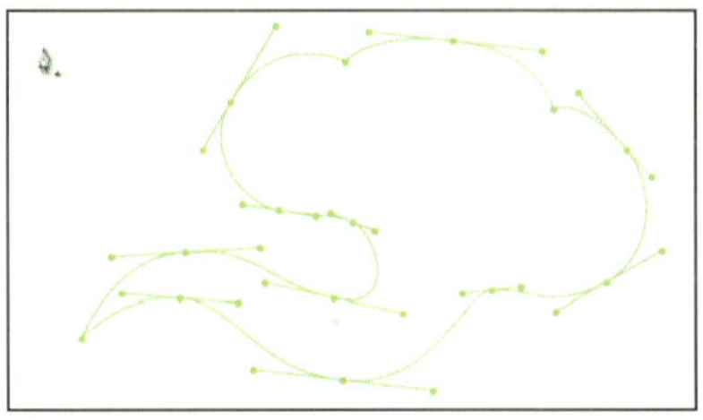

图 5.1

本小节结合 Flash CS5.5 软件的快捷方式列表来快速的熟悉其基本工具与使用特色。应该说，通过快捷键的遍历来学习软件是一种不错的方法，大家可以针对其他软件继续尝试。在本小节中，【 】符号所包括的代码即为相应的快捷键。

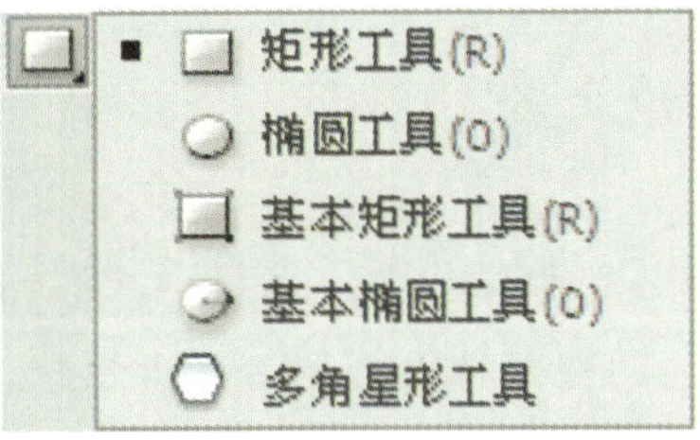

矩形工具(R)
椭圆工具(O)
基本矩形工具(R)
基本椭圆工具(O)
多角星形工具

图 5.2

1. 矩形工具组【R】

矩形工具组包括了矩形【R】、椭圆【O】、基本矩形【R】、基本椭圆【O】、多角星形工具等（图 5.2）。在画布上利用矩形工具绘制一个矩形（不是基本矩形），会发现 Flash 普通图形包括笔触颜色（图中为黑色）和填充颜色（图中为黑色）两个部分。笔触颜色与填充颜色在工具栏的下方都可以找到，可以分别设置颜色。图例中的笔触颜色较粗，有一定的显示面积，但只要它属于笔触颜色，就不能和填充颜色混为一谈，两者属性和控制方法都有不同。选择矩形，会发现有很多点状的显示外观，要与基本矩形做区分。虽然 Flash 是矢量绘图软件，但这些点状区域有着近似于像素位图的特征。比如，如果画一个新的图形覆盖或局部覆盖原图，原图就会不同程度地被新图形切除掉。这和 Photoshop 相似，同一图层上不允许重叠像素，只能取舍，因此说这个 Flash 的矩形工具有着像素位图的某些特征。

图 5.3 为矩形和基本矩形被选中之后的显示状态。

图 5.3

再画一个基本矩形并选择它，所选区域不再有点状显示，而是一条非常清晰地矢量线。可以这么理解，基本矩形是矢量中的矢量，可对笔触颜色给予更多的形状控制。多个基本矩形重叠就不会切除像素，因此说，基本矩形具备更为典型的矢量图形特征。

考察矩形和基本矩形的属性面板，可发现其异同之处。椭圆、基本椭圆同理。使用多角星形工具，要注意属性面板中的工具设置部分的选项按钮。在弹出的对话框中，可设置星形基本形状、边数等。

如果需要对已经存在的图形进行选择、移动，需要了解选择工具和部分选择工具。

图 5.4 为矩形和基本矩形的属性面板，有一定的区别。

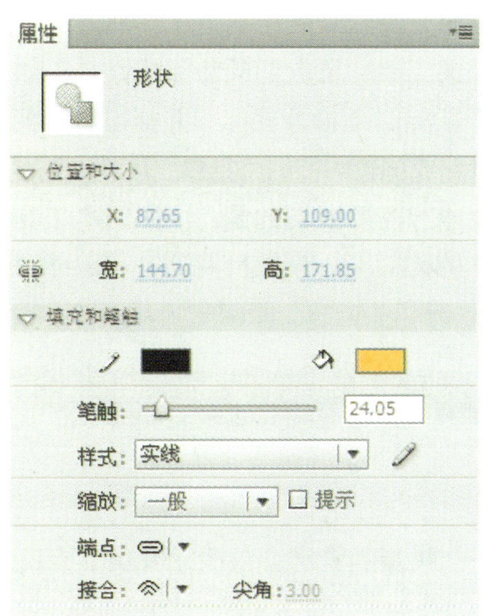

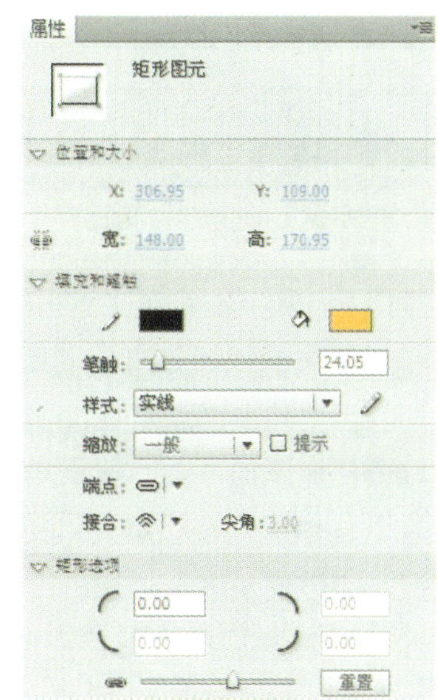

图 5.4

2. 选择工具

选择工具包括选择工具【V】、部分选择工具【A】、套索工具【L】(图 5.5)，三种工具都可以选择画布上的图形对象。

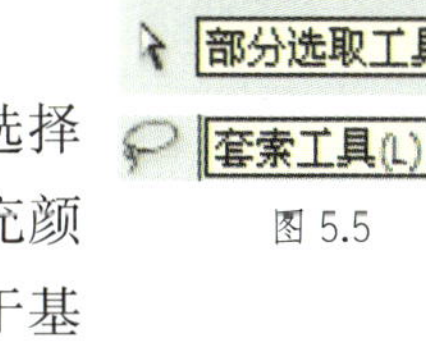

图 5.5

对于类似于矩形工具创建出来的标准图形，针对笔触颜色，单击一次可以选择一段，双击则可以选择整个笔触；如果拖拽某段笔触，也可令其变形。对于填充颜色，单击就可以选中所有面积。所有被选中的区域都会呈点状显示。对于类似于基本矩形工具创建出来的特殊图形，选择工具则针对齐矢量结构（比如笔触骨架）进行选择；如果拖拽某段笔触，不会变形。

部分选择工具则针对图形提取出路径和节点，并分别调整。

套索工具与选择工具相似，只是选择面积可以根据鼠标的拖拽而自定义，灵活很多。

说到路径的概念，可以结合 Photoshop 中的路径知识联系起来学习，大同小异。路径就像是一根有韧性的钢丝，要掌握好它的特性，就可以随心所欲的创建出各种形状，其基本结构如下。

图 5.6 为贝塞尔曲线基本结构，图 5.6（a）为未选择状态，图 5.6（b）为全部选择状态，注意节点的形状区别。所绘曲线有一定的笔触宽度，黑色显示；路径为绿色显示。A 为路径部分，也就是可以转化为选区的部分；D 为节点，当然也包括两个端点（比如 E），节点将曲线分为不同的区域，这个每个区域就可以有自己的弯曲程度；C 为手柄，是辅助的部分，调整手柄的方向和长度都可以使与其相连的曲线变化；B 就是手柄的端点，一般用圆点显示，而前面说的节点一般用方块儿来显示。中空的方块表明未被选中，实心的表明已经被选中，可以同时选择多个方块。

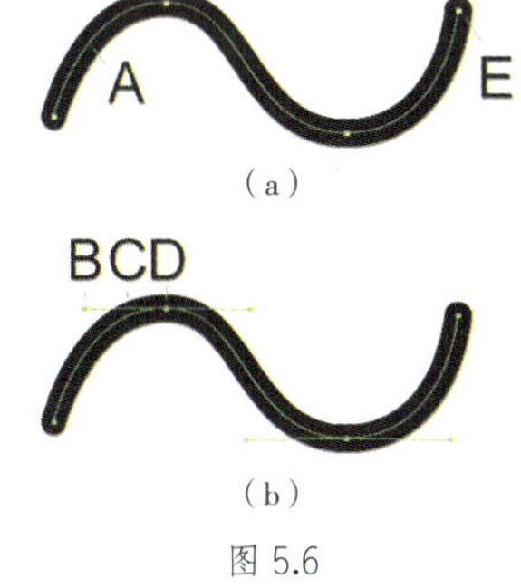

（a）

（b）

图 5.6

这条曲线也称为贝塞尔曲线（20 世纪 60 年代晚期，Pierre B é zier 应用数学方法为雷诺公司的汽车制造业描绘出了这条曲线）。这条曲线的妙处在于只需应用为数不多的几个元素就让任意形状的线条创建成为可能。

如果要从零开始，绘制自定义图形，就要用到钢笔工具。

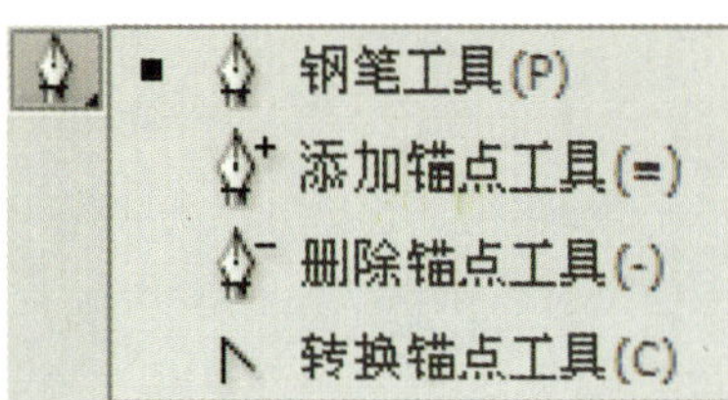

图 5.7

3. 钢笔工具组【P】

结合路径来看，钢笔工具就是通过单击创建节点的工具，节点间顺势形成路径。如果在每次按下鼠标时不松开鼠标，并拖拽出手柄，那么就可以形成比较柔韧的路径线，可基本满足形状创作的要求。需要强调的是，使用钢笔工具，要利用好相关快捷键。比如，在钢笔工具被选择的状态下，于创建路径的过程中，按下【Ctrl】键，可以暂时切换到“部分选择工具”进行相关调整。将钢笔工具放置在选择的节点上，可以切换至“转换锚点工具”，进行手柄方向与长度的相关修改。将钢笔放置在路径线上可以方便地添加锚点，如果需要删除锚点，就需要选择“删除锚点工具”了。

如果在默认单层画布上重叠路径，那么相交部分将会自动生成锚点；如果需要避免这种情况，应该使用多个图层。

有一个小练习：用最少的节点画一个鸭蛋形轮廓。最少用几个节点呢？答案是两个。

图 5.8 是由两个节点组成的鸭蛋形轮廓。

Flash 图层的基本形式与 Photoshop 等软件相似，分别有着显示隐藏图层、锁定图层、新建、文件夹、删除等功能。只是因为其动画特性，在每个图层的横向又开辟了时间线的概念。可以将 Flash 时间轴看做一个二维体系，除了时间线，图层负责纵轴上的内容安排。

图 5.9 为 Flash 图层。有了图层结构，就可以绘制更为复杂的图形，而图形的每个单元都因图层的分隔而相互独立，避免干扰。还可以使用菜单命令“修改 > 时间轴 > 图层属性”进行相关属性调整。除了先建立图层并分别在其中绘制图形，Flash 还可以将同一层中已经绘制好的不同形状分别放置不同的图层中，命令是“修改 > 时间轴 > 分散到图层”【Ctrl+Shift+D】。

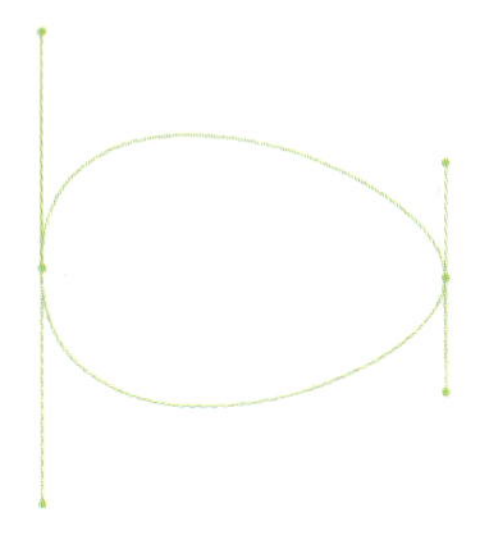

图 5.8

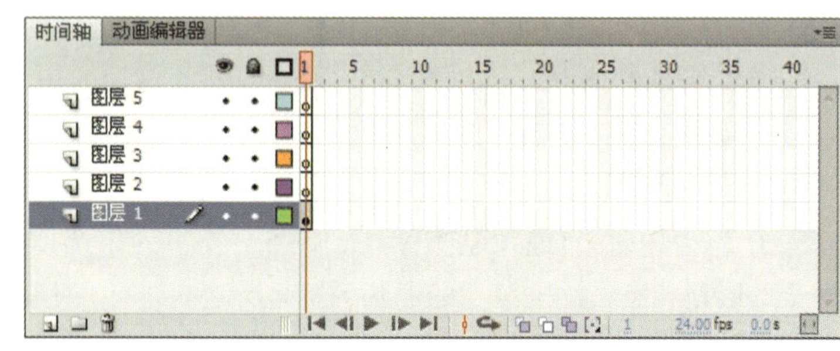

图 5.9

4. 其他笔触绘制工具

包括线条工具【N】、铅笔工具【Y】、墨水瓶工具【S】（图 5.10），三种工具绘制出来的图形都具备笔触属性，可以借助属性面板中的笔触宽度、端点形状等选项来调整；部分选择工具可以找到其所绘图形的路径。特别之处，墨水瓶工具可以为已删除掉笔触颜色的填充图形重新绘制笔触，前提是在填充图形未被选择的状态下。

铅笔工具(Y)

图 5.10

5. 其他填充色工具

包括颜料桶工具【K】、刷子工具【B】(图 5.11)。

图 5.11

与墨水瓶工具相对应，颜料桶工具可以为笔触形状重新填充颜色。

墨水瓶工具和颜料桶工具需要与各自的颜色选取框配合使用。

刷子工具绘制出来的图形，无论形态上与线条多么接近，也都属于填充色范畴。喷涂刷工具用来批量绘制“元件”，相关知识点后续介绍。

6. 调整工具组

包括任意变形工具【Q】、渐变变形工具【F】(图 5.12)。

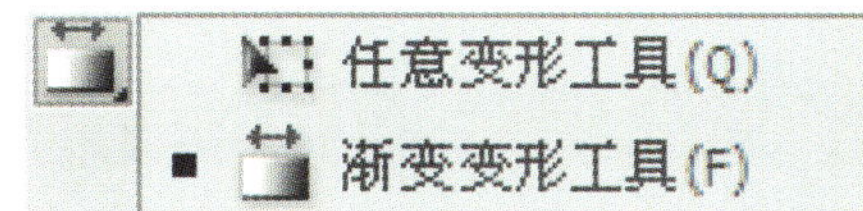

图 5.12

这组调整工具针对形状和颜色分别调整。

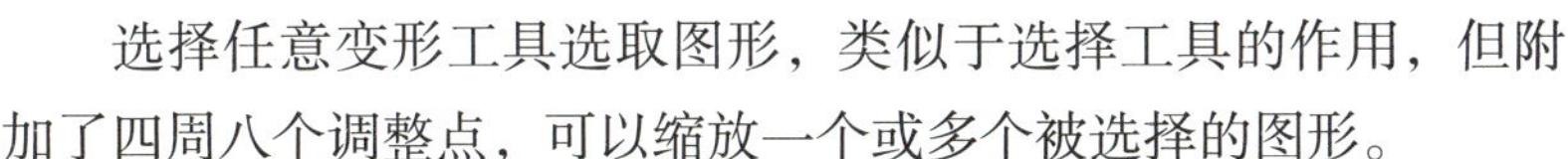

选择任意变形工具选取图形，类似于选择工具的作用，但附加了四周八个调整点，可以缩放一个或多个被选择的图形。

图 5.13 为颜色面板。渐变变形工具用来调整渐变色。Flash 的颜色面板有着选取单色和设定渐变色的功能。与 Photoshop 的渐变色设定类似，渐变色条的两侧下部各有一取色标签，分别选择，就可以调整色彩。在两个标签之间还可以单击鼠标增加标签，以丰富渐变层次。将标签拖拽到渐变色条之外，就可以删除标签。

渐变的方式也分为线性和径向两种，此外还有位图的填充。位图填充允许设计者选择要填充的位图图片，并依靠相关图形工具绘制在画布上。有趣的是，填充进来的位图可以如矢量图形一般被选择工具任意选择局部并裁切掉，这是很方便的功能。

设定好渐变色之后，就可以在画布中应用相关工具绘制图形，比如矩形，其填充色就显示为渐变色了。那么，如何继续调整呢？需要使用渐变变形工具。

图 5.14 为两种渐变类型的调整方法。分别显示了“线性渐变”和“径向渐变”图形在被“渐变变形工具”选择后的状态。其中，A、F 用来旋转渐变、B、D 用来线性缩放渐变，E 用来径向缩放渐变，C 专门用来移动径向渐变的中心点。

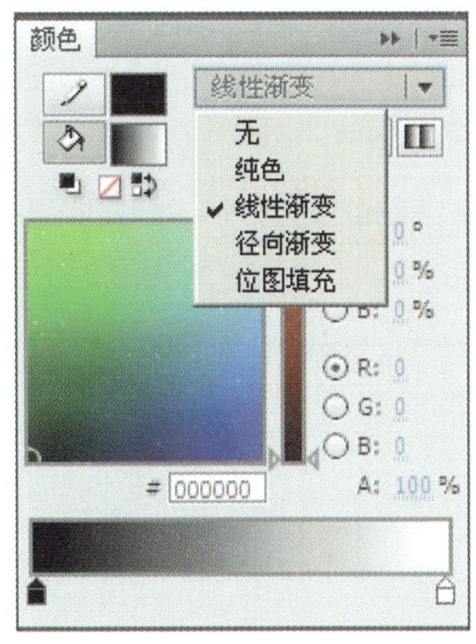

图 5.13

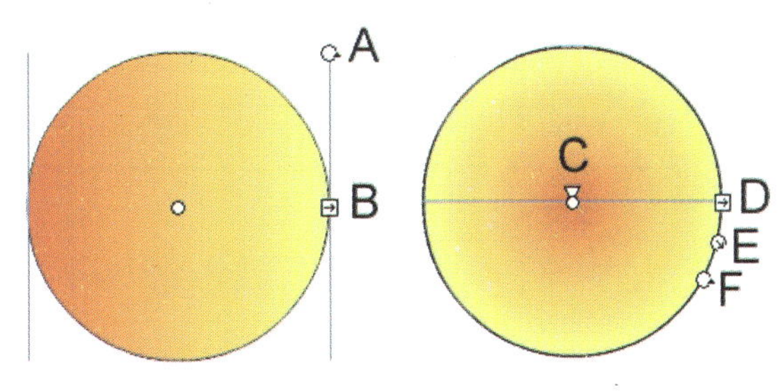

图 5.14

在日常的设计中，渐变色是比较常用的色彩状态。具体的设计对象由于光的影响，其表面很难做到理想状态的纯色，比如包装或印刷品的效果图、空间效果图等。

渐变色在尊重客观实际的前提下，利用自身规则的颜色填充，有助于提升设计作品的设计精致度、设计层次和视觉冲击力，应当给予重视。

7. 文本工具【T】、分离【Ctrl+B】

Flash 的文本工具和其他设计软件相似，除了字符系列（字体）、大小、颜色等常见属性之外，也具备直接输入（鼠标单击）和选框输入（鼠标划出文本范围）两种模式。后者在鼠标单击选框右上角方形图标的时候可以转化为前者，方形图标也随之转化为圆形图标。

也可以把字体看做矢量中的矢量，如果需要局部选择调整，需要将其做“分离”处理（修改 > 分离或针对于字体的鼠标右键选择）。对于一组汉字，首次分离将会把字符串整体拆分为单独的字母，这对于某些字体动画而言是很方便的。再次分离，就会将字体转化为普通矢量形状，与普通图形的填充色无异。

首次分离之后，还可以利用鼠标右键“分散到图层”命令将每个字母分散在不同的图层中，这样为每一个字母分配动画方案就更为方便了。

8. 其他常用工具

这是一组 Adobe 设计软件很常见的工具，包括滴管工具【I】、橡皮擦工具【E】，还包括手形工具【H】和缩放工具【Z】（图 5.15）。

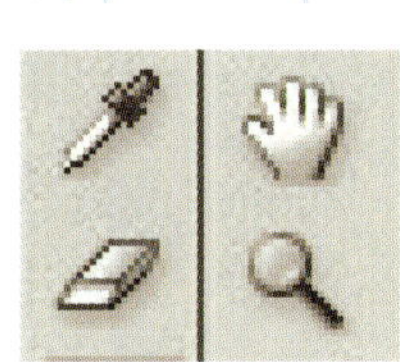

图 5.15

需要强调的是，学习任何一种设计软件，都要尽快找到定位画布（包括平移和缩放）的简便方法，这对提高设计效率很有帮助。对于 Flash，我们依然可以使用【Ctrl】与【加减号】的快捷键进行缩放，同时按下【空格键】快速转化为手形工具进行拖拽。

此外，Ctrl 与数字键的配合也可以快速实现相应的缩放，列表如下：

【Ctrl】+【1】：100% 比例显示。

【Ctrl】+【2】：缩放到画布的范围。

【Ctrl】+【3】：将所有存在的设计内容全部显示。

【Ctrl】+【4】：400% 比例显示。

【Ctrl】+【8】：800% 比例显示。

9. 进阶工具

在 Flash 软件的常用工具之外，还有一些工具属于随着版本更迭新添加的，或者针对于特殊情况的，包括 3D 旋转【W】、3D 平移【G】、Deco 工具【U】、骨骼工具【M】、绑定工具【M】等。这些工具会在后续章节讲解。

5.1.2 基本菜单命令与快捷键

如无特殊说明，以下快捷键都是在普通场景下使用的，在某些具体的结构内部可能不生效。

1. “文件”菜单快捷键

在“文件”菜单中，有着对 Flash 文档的基本控制，包括新建【Ctrl+N】、打开【Ctrl+O】、保存【Ctrl+S】、另存为【Ctrl+Shift+W】、关闭【Ctrl+W】、全部关闭【Ctrl+Alt+W】和退出【Ctrl+Q】等。

在完成设计、程序编写等所有工作之后，就要发布影片，主要围绕【F12】键进行。【Ctrl+Shift+F12】进行发布的设置，要注意脚本设置、播放器版本和相关媒体的品质设置；【Alt+Shift+F12】按照发布设置发布影片；直接按【F12】键则类似于

Dreamweaver 那样在 HTML 页面中预览这个 Flash 影片。

图 5.16 为发布设置对话框。

当然，在设计过程中不必频繁进行发布，只需测试影片即可，快捷键是【Ctrl+Enter】，就会自动生成 swf 文件；如需测试场景，则使用【Ctrl+Alt+Enter】。

2. “编辑”菜单快捷键

“编辑”菜单提供了对具体内容的操作，包括【Ctrl+C】、粘贴（到画布中心）【Ctrl+V】、全选【Ctrl+A】、查找【Ctrl+F】、再次查找【F3】等。如果要在复制图形的当前位置进行粘贴，则要使用【Ctrl+Shift+V】。这种粘贴到当前位置的操作很实用，比如需要针对某个图形进行进一步修饰时，就需要复制一个相同的形状，进行相关设计，比如字体内部的发光变化等。

【Ctrl+Z】和【Ctrl+Y】对应着撤销和重复操作的方向。【Ctrl+Z】则让项目的反复修改变得简单。

【Backspace】键行使着与【Del】键相同的删除功能。

首选参数【Ctrl+U】的选择项目很多，随着对软件的深入使用，将会不时用到，一般情况下，使用默认值即可。

图 5.17 为首选参数对话框。

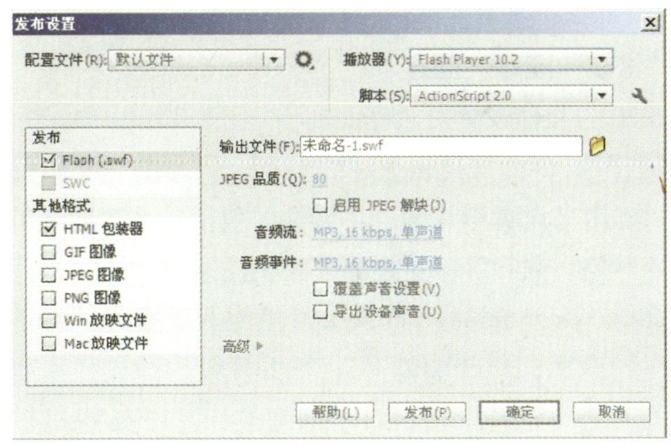

图 5.16

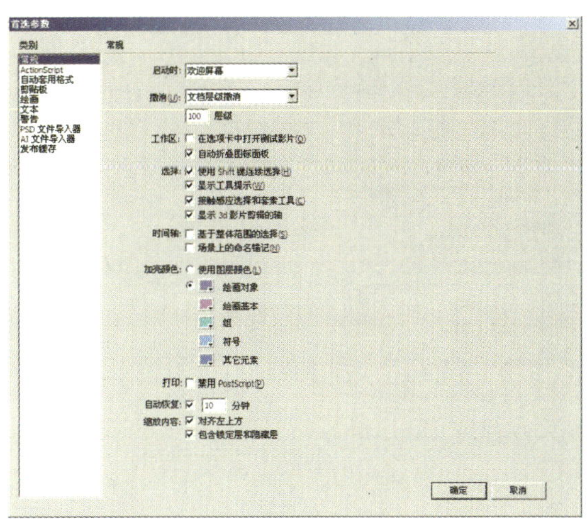

图 5.17

3. “视图”菜单快捷键

这部分快捷键与画布调整有关。粘贴版【Ctrl+Shift+W】可以将画布 100% 比例显示并置于整个主设计区的左上方；【F4】可以隐掉所有工具和面板，只剩下主设计区；【Ctrl+Shift+R】显示或隐藏标尺。

图 5.18 为“视图”菜单中有一组预览模式命令，显示精度层级变化。这里面涉及一个取舍的问题，当显示精度不高的时候，速度就会相对快些。

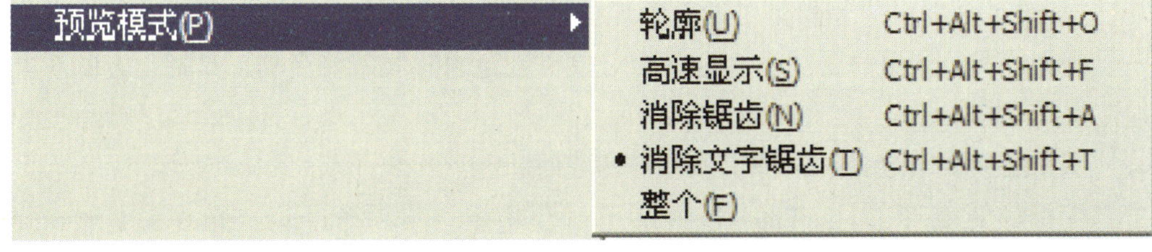

图 5.18

还有一组重要的视图快捷方式，就是辅助元素，包括标尺【Ctrl+Alt+Shift+R】、显示网格【Ctrl+' 】、编辑网格【Ctrl+Alt+G】、显示辅助线【Ctrl+；】(辅助线需要在标尺出现的时候拖拽出来、拖拽回去就删除了辅助线)、锁定辅助线【Ctrl+Alt+；】、编辑辅助线【Ctrl+Alt+Shift+G】等。

有了辅助元素，就会涉及"贴紧"这个功能(图5.19)，这样可以有规律地排列设计对象。

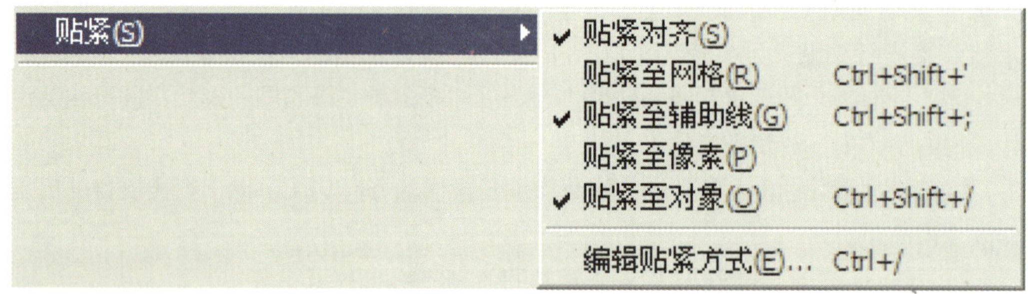

图 5.19

之前的内容提到过，在选择图形的时候，会有点状显示。这样会清楚地显示出选择区域，但也不利于观察整体效果。在这种情况下，可以使用隐藏边缘命令【Ctrl+H】。隐藏的选择区域仍可继续由鼠标直接单击拖拽。

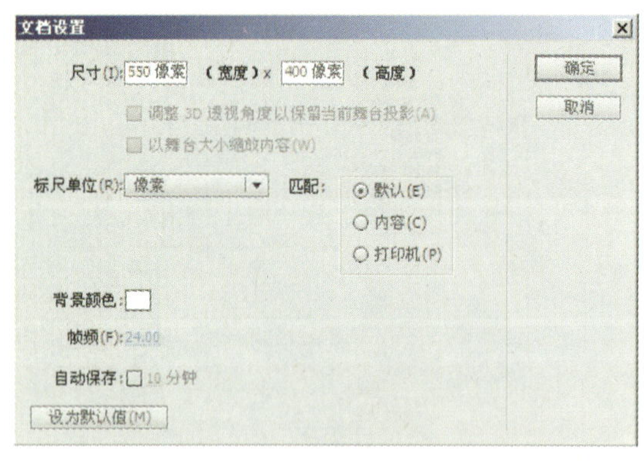

图 5.20

4. "修改"菜单快捷键

图5.20为文档设置对话框。

"文档"命令的快捷键是【Ctrl+J】，弹出的"文档设置"对话框用来设置影片的总体属性，包括尺寸、标尺单位、背景颜色、帧频等。这里面要特别注意帧频选项，默认为12fps。Fps是frames per second的缩写，意为"每秒多少帧"的意思，这个值越高，Flash视频的播放频率就越快，画面节奏也越细密。对于网站设计，12fps也足够了，因为设计中主要依靠程序控制来定位帧，而不是特别地在动画效果上下工夫。

"修改"菜单中涉及对位图的矢量处理。在位图的像素感、真实与矢量图的设计感、轻巧化之间如何选择，需要因时而定。利用文件菜单下的"导入到舞台"【Ctrl+R】命令将图片放置在画布中央，然后利用"修改 > 位图 > 转化位图为矢量图"菜单命令将其转化为矢量图片。在弹出的对话框中重点调整"颜色阈值"和"最小区域"两个选项。"修改 > 位图 > 交换位图"可以在位图列表中进行图片的替换，也很方便。

图5.21"形状"菜单命包含了各种对笔触和填充色的高级调整，包括将笔触平滑、伸直以及优化，另外还可以将笔触线条转换为填充色，进而对填充色进行扩展填充。

"修改 > 合并对象"列举了所有图形设计软件都要解决的问题：图形的相加、相减、相交等等。这里面要注意，合并的对象在创建的时候需要启动工具栏下方的对象绘制【J】选项。

图5.22为封套功能，右图为调整后的临时状态。

针对任意变形工具，Flash还提供了封套功能，菜单命令为"修改 > 变形 > 封套"。封套提供了丰富的操作手柄，可以对所选图形任意变形，并且在每次重新选择

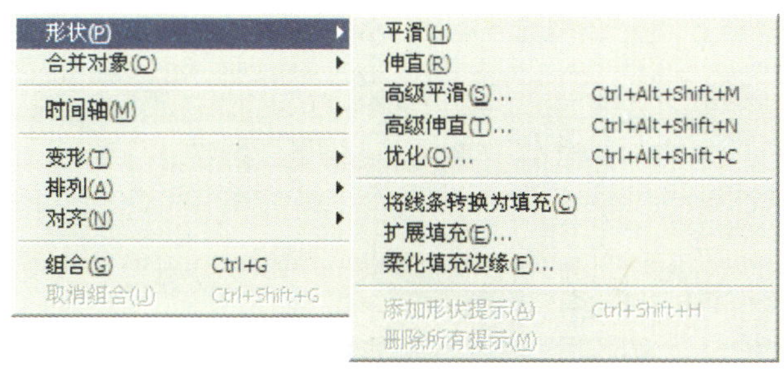

图 5.21

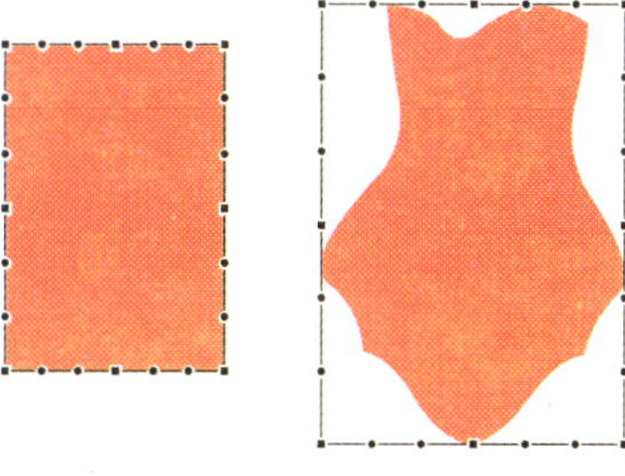

图 5.22

的时候按照变形之后的范围重新绘制封套。值得注意的是，这种变形不是对图形的彻底改变，选择“修改 > 合并对象 > 删除封套”，就可以将图形恢复原貌。

图 5.23 为 Flash 同样提供了丰富的图形变形命令。“任意变形”相当于选择了工具栏的同名工具；“扭曲”可以更改图形边与边的角度，适合做自由的透视或倾斜效果；“缩放”则限定了图形变化的比例；“旋转与倾斜”会在图形的四角手柄处出现旋转图标，点击拖拽将会旋转图形；“缩放与旋转【Ctrl+Alt+S】”则利用弹出的对话框定量的确定缩放比例和旋转角度（顺时针）；【Ctrl+Shift】与【7】和【9】分别配合，将会逆时针或顺时针旋转图形；【Ctrl+Shift+Z】将会取消此系列操作。

只要涉及多个设计对象，就不可避免要进行层次移动、锁定、对齐、均匀分布与组合等操作。图 5.24 为排列菜单命令提供了上下移动和锁定、解除锁定等功能，这些功能都非常实用、好用，要将相关快捷方式记牢。这些命令 Illustrator 也具备，只是快捷键相差很大，不要记混。

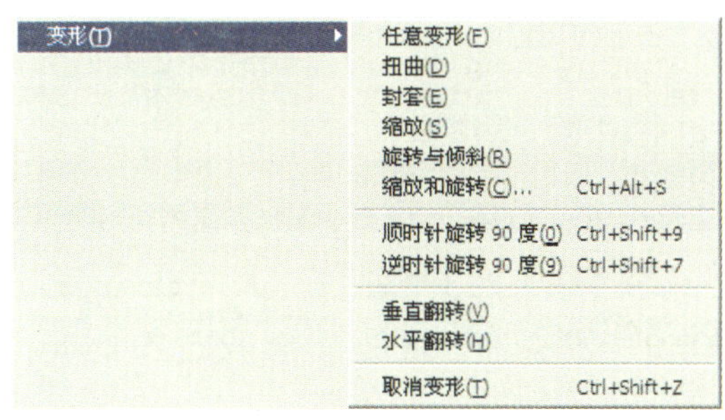

图 5.23

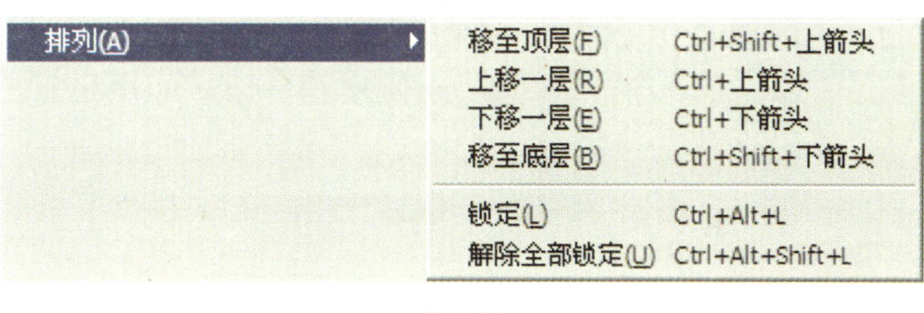

图 5.24

图 5.25 为 Flash 为各个维度的对齐和均匀分布提供了丰富的快件键，基本形式为【Ctrl+Alt】和数字键的组合。这里需要注意对齐和均匀分布二者的区别，特别是参照点。对齐的参照点是边缘，而均匀分布的参照点是中心点。要更改图形的中心点，需要双击图形，在内部拖拽修改。

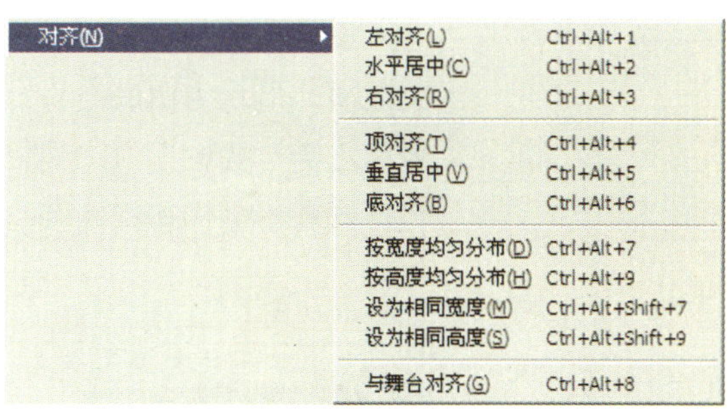

图 5.25

Flash 为多个图形组合和取消组合设定的快捷键分别为【Ctrl+G】和【Ctrl+Shift+G】。

5. “窗口”菜单快捷键

窗口菜单虽然不直接参与图形创作，但对于设计环境的设定有着重要的作用，包括工作区设定和面板显隐等。

图 5.26 为直接复制窗口【Ctrl+Alt+K】可以“克隆”目前的窗口。直接复制的两

个或多个窗口具有操作的同步性，这样方便比较复杂的项目同时针对多个区域或结构进行修改而不必频繁寻找、切换。

其他面板与工具栏调用命令基本都有各自的快捷方式，可以酌情熟记。

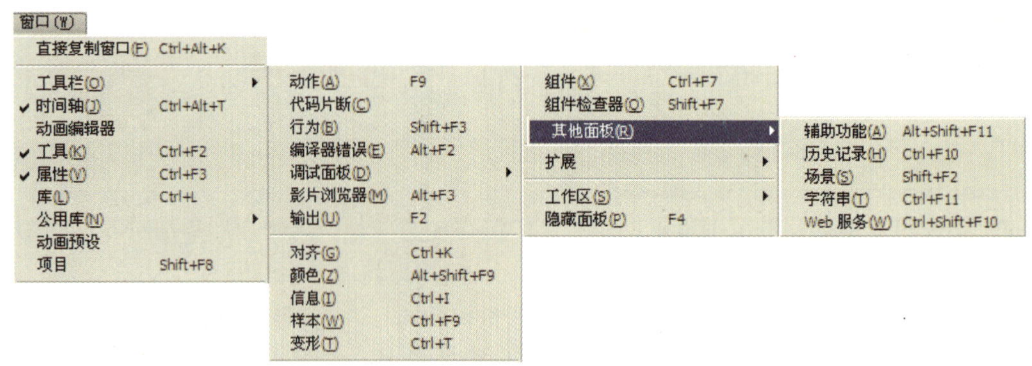

图 5.26

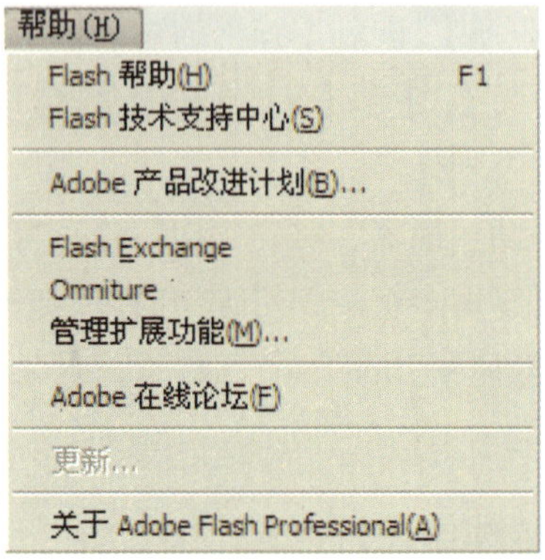

帮助(H)
Flash 帮助(H) F1
Flash 技术支持中心(S)
Adobe 产品改进计划(B)…
Flash Exchange
Omniture
管理扩展功能(M)…
Adobe 在线论坛(F)
更新…
关于 Adobe Flash Professional(A)

图 5.27

6.“帮助”菜单快捷键

帮助菜单一般容易被忽视。在这里可以在线查阅 Flash 的帮助文件与技术中心，还可以参与 Adobe 的在线论坛（图 5.27）。对于初学者而言，了解 Adobe 公司以及 Adobe.com 的一些概况对于更好地把握 Adobe 的产品线与设计文化都会有帮助。

5.2 Flash 动画设计

5.2.1 帧与时间线

类似于电影胶片，Flash 提供了帧结构以连续的“放映”画面，这也成为 Flash 文件的结构基础。多个帧与播放时间配合，形成时间线上的多帧结构，成为 Flash 动画的基本原理。每一个帧都可以看成是一张独立的工作画布，这是 Flash 较之 Photoshop 等侧重于静态平面设计软件复杂的地方。

图 5.28 为 Flash 的时间线（Timeline）。ABCD 为帧的几种基本表现形式：A 为拥有了设计内容的关键帧（Key Frame），显示为灰底实心点；B 为没有设计内容的空白关键帧，显示为白底空心点；C 为普通帧；D 表示为默认状态下没有帧存在的状态，笔者称之为“虚帧”。E 为播放时间线；F 为“洋葱皮”按钮，可以隐约看到前面的帧内容，有利于创作连续动画。

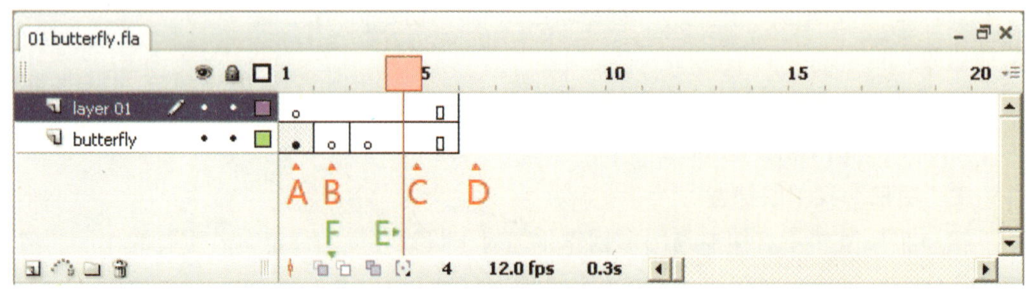

图 5.28

学习 Flash，一定要熟练进行帧的操作。由于帧的种类相对复杂，一定要判断好当前鼠标选择的位置和鼠标操作的类型（比如单击后松开鼠标，或者单击未松开），这些都会影响到鼠标下一个动作的效果。下面结合相关快捷键讲述。

（1）新建帧。新建帧分为插入（普通）帧和插入关键帧两种。在帧上单击右键，在下拉菜单中选中相关命令即可，【F5】键对应的是插入普通帧。如果新建的是普通帧，那么它只是重复其左侧的关键帧的内容；如果是关键帧，则还分为空白关键帧和关键帧两种。前者内容为空白，可以自行绘制新对象，不受左侧相邻关键帧的影响；后者则首先复制了左侧相邻关键帧的内容，但接下来就可以随意改动。应该说，这种复制对于连续相似对象的绘制非常有用。

（2）复制与删除帧。因为画布的存在，在时间轴上进行的复制和粘贴就不能再使用【Ctrl+C】、【Ctrl+V】了，这样会直接复制和粘贴画布上的对象，而不是帧。与帧相对应的操作分别为复制帧【Ctrl+Alt+C】、剪切帧【Ctrl+Alt+X】、粘贴帧【Ctrl+Alt+V】和全选帧【Ctrl+Alt+A】等。清除此帧中的内容则是【Alt+Backspace】，使用该键后帧仍然存在，只是转化为了空白关键帧。如果要彻底删除掉一个帧，则使用【Shift+F5】。帧被删除后，所在的位置被右侧相邻的一系列帧左移而取代。

（3）其他操作。同时选择多个内容不同的关键帧，利用“修改 > 时间轴 > 翻转帧”可以将其在时间轴上顺序翻转。

在“修改 > 时间轴”菜单下，有“转化换为关键帧【F6】”、“清除关键帧【Shift+F6】”、“转换为空白关键帧【F7】”等命令，因名可知其义。

下面以简单的“蝴蝶扇动翅膀”动画来研究帧与时间线的具体内容。

图 5.29 为“蝴蝶扇动翅膀”动画的文档属性对话框，尺寸和帧频是比较基础的设置内容。

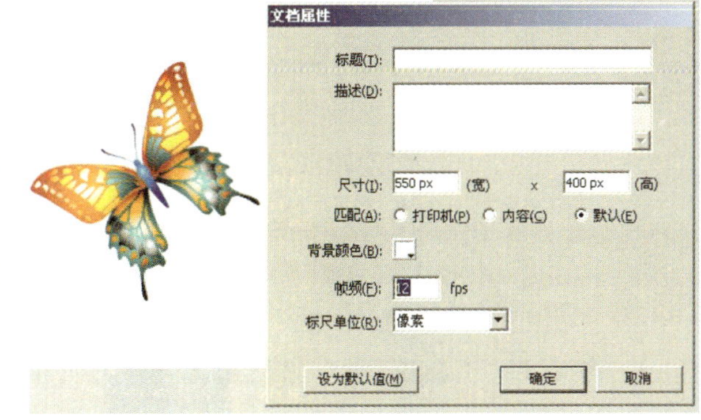

图 5.29

< 实例练习：蝴蝶扇动翅膀动画 >

新建 fla 文档，命名为 butterfly.fla（关于新建文档选项的注意事项在下一节讲述）。

可以看到，默认图层 1 的第 1 帧为空白关键帧，其余为虚帧。

利用 Flash 的相关设计工具在画布上设计一张开翅膀的蝴蝶形状，空白关键帧转化为关键帧。单击“修改 > 文档”菜单命令，打开“文档属性”对话框。其中一项设置为帧频（fps，frames per second），即每秒多少帧。默认值为 12，即每秒 12 帧，也就是说每一帧停留 1/12s。对于肉眼这已经是比较快的速度，如果要让蝴蝶扇动翅膀的过程清晰一些，可以改变帧频，也可以在时间线上修改关键帧的持续帧数，后者是比较常用的方法。

在时间线的第 4 帧单击右键，选择“插入帧”命令，张开翅膀的蝴蝶关键帧将持续 4 帧的时间，也就是 1/3s。同样，在第 5 帧单击右键，选择“插入空白关键帧”，用相同的笔触和颜色画一张闭合翅膀的蝴蝶，然后在第 8 帧“插入帧”。这样就形成了一张一合两个翅膀状态的关键帧，每种持续时间相同。

在绘制第二个图形的时候，要特别注意一个功能：“绘图纸外观（或绘图纸外观轮廓）”。这个功能图标位于时间线下方的工具栏中，单击它（们）可以在第二个关键帧的画布上“隐约”透出第 1 帧的内容，类似于半透明的硫酸纸效果，便于作图。“绘图纸外观”俗称“洋葱皮儿”。

图 5.30 为示例文件的两个关键帧结构，同时注意绘图纸外观（轮廓）工具的位置。

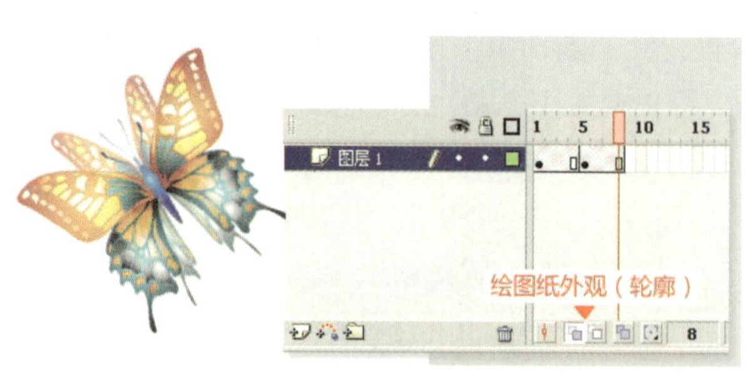

图 5.30

选择“控制 > 测试影片”菜单命令（快捷键【Ctrl+Enter】)，可以看到蝴蝶“连续”的扇动翅膀，这是因为动画播放到第 8 帧会自动返回第 1 帧播放。

预览动画的形式有两种。一种是测试影片，另一种是测试场景（快捷键【Ctrl+Alt+Enter】)。前者针对场景中的画布进行预览；后者可以在元件（5.2.2 小节讲到）脱离主场景之后依然可以被预览，但要注意元件中的设计元素应当位于“参照十字线”的右下角，否则将预览不到。

Flash 动画充分地体现了线性播放的特性。网站上有很多制作精美的 MV，就是线性动画的典型应用。

5.2.2 元件和实例

动画所在的场景（Scene）属于 Flash 设计的基础平台，不要轻易在上面应用时间线作琐碎或局部的设计，场景应当侧重于模块调用功能。将细小的部分封装在各个模块单元内，这种模块单元就是“元件”。

“元件（symbol）”和“实例（instance）”是 Flash 设计中比较重要的两个概念，类似于“源”和“衍生体”的对比。“元件”只有一个，可以“衍生”出无数个“实例”。这种特性可以让重复性的设计变得简单，而且出了问题只需更改“元件”就可以了，所有的“实例”都会更改完毕。

“元件”需要在元件编辑模式下设计，使用“插入 > 新建元件（快捷键【Ctrl+F8】)”菜单命令打开“新建元件”对话框，命名“butterfly”，同时选择“影片剪辑”，单击“确定”，软件右侧的库面板中就会出现这个新建的元件。“影片剪辑”是动画制作过程中常用的元件类型。选择已经在画布中设计好的图形，按【F8】也可将其转化为元件。

“修改 > 元件 > 交换元件”和“直接复制元件”分别用来替换元件和复制元件，复制元件的结果要在库面板中查看。

库面板（Library）类似于堆放原材料的仓库，除了影片剪辑，还可以放置图片、音频等。将需要的素材对应于不同的关键帧拖拽到画布中是常用的设计方法。

这里需要说明的是，双击库中的“元件”图标或双击画布上的“实例”都会进入“元件”编辑状态。在编辑状态中，可以找到场景测试文件的原点“十字线”。

在元件编辑状态下，重复上一个小节的操作，就完成了蝴蝶元件的设计。

点击“场景”级联菜单（Flash CS3 版本位于时间线面板下方，旧版本在上方），回到“场景”设计界面，将库面板中的 butterfly 元件拖拽到工作区的合适位置，预览动画，会得到与 5.1 小节同样的动画效果，但实现原理不同。

拖拽到工作区中的元件称作实例，多次拖拽就会产生多个实例，而不用一一设计，这就是“元件”与“实例”原理为设计带来的便利。修改实例，也就相当于修改元件本身，所有相关的实例也就会随之改变。如果想要避免这种情况，应该在库面板中复制元件，这样就可以创建样式不同的实例了。方法之一是，在库面板中右键单击元件，选择“直接复制”，修改好姓名，即可。

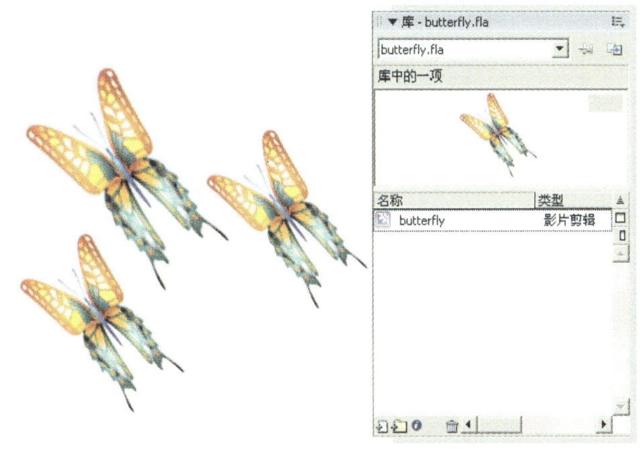

图 5.31

图 5.31 为库面板中的 butterfly 元件和拖拽到画布上的多个实例。

5.2.3 “自转”和“公转”

地球自转，同时又围绕太阳公转。借助这个比喻，通过相关设计让扇动翅膀的蝴蝶沿着一定路径飞起来，以便体会 Flash 动画的设计层次。5.2.2 小节已经完成了“地球本体”（蝴蝶）以及其“自转形态（扇动翅膀）”的设计，下面介绍如何使用动作引导层完成“公转”。

＜实例练习：蝴蝶飞行路径设定＞

首先在“场景”时间线建立名为“butterfly”的图层，并将设计好的 butterfly 元件拖拽至工作去的右下角，使用“任意变形工具”调整好合适的大小。

然后在第 30 帧的位置“插入关键帧”，将得到位置相同的另一个蝴蝶实例，将其拖拽到工作区的左上角。

在时间线上选择包括首尾两个关键帧的全部帧，单击右键，选择“创建传统补间（旧版本为创建补间动画）”，蝴蝶实例就会沿着右下角至左上角的直线轨迹均匀分布。预览影片，就会得到蝴蝶径直向左上角飞去的效果。注意，蝴蝶自身翅膀的扇动与整体的移动就是“自转”和“公转”的关系了。当然，如果是新版本的 Flash，可以试着使用新型的补间动画，效果相同。具体内容将在 5.2.4 小节讲述。

图 5.32 为创建补间动画后的帧状态（打开了绘图纸外观功能）。

下面利用“引导层”自定义蝴蝶的飞行路线。

选中 butterfly 图层，右键选择“添加引导层”，在 butterfly 图层上方出现了名为“引导层：butterfly”的图层。引导层用来规定其下方图层的运动轨迹。利用“钢笔工具”在图层中画出 S 形曲线，蝴蝶实例会自动吸附在路径上。略加调整，使得首尾两个关键帧分别在路径的两端。预览影片，蝴蝶就依照着相对自然的轨迹飞行了。

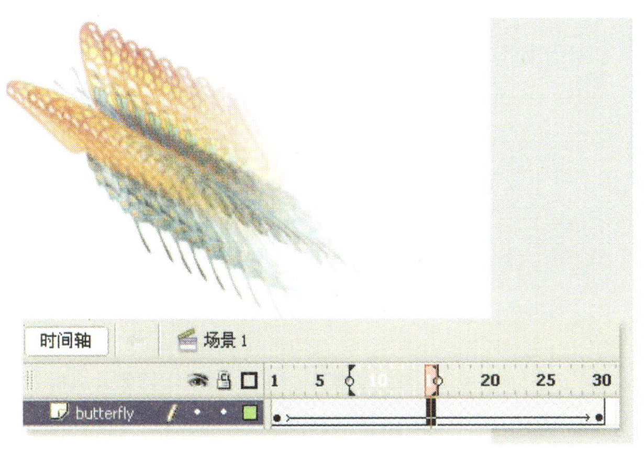

图 5.32

如果需要改变方案，将蝴蝶换成一只小鸟，只需要在选择每一个关键帧的时候，选择属性面板中的“同步”选项，然后点击任何一个元件，点击属性面板中的“交换”按钮，将元件替换过来即可。

Flash 动画的“自转”与“公转”特性是复杂动画常用的结构形式。可以想象这样一些典型的场景：汽车在路上行驶（车轮转动）、人在骑自行车（车轮转动、头发飞舞）、人在骑马（整体前进、人和马自身的动感）等。这些常见的动画场景都包含了不同层次的运动时间轴，它们相互分离，却为着一个共同的整体效果服务。在设计中，首先要规划好动画的层次，然后可以由小及大地设计动画内容。实际上，当所有零部件（元件）设计完毕，剩下的工作就是拼装了，这就避免了设计对象的重复绘制和相互影响。

5.2.4 补间动画

补间动画作为单帧动画的补充，是 Flash 软件最为常用的动画手段。创建补间动画的基本要领是确立好动画相关图形或元件在不同时间点的位置，比如简单的补间动画就需要确立好首帧和尾帧的位置。

常用的补间动画有两种。一是动作补间，可以看作是一个形状对象变换位置，建议这个对象要设定为元件，这样会让设计更有条理；二是形状补间，可以看作是不同的物体在互相转化，这种补间的对象只需是普通图形就可以，比如刷子工具创建出的图形。确定好首尾图形之后，单击右键，在菜单中选择“创建补间形状”，即可生成形状补间。

下面重点说说动作补间。除了 5.2.3 小节针对 Flash CS3 及以前版本讲解的补间动画之外，在 Flash CS4 以后的版本中，对于补间动画这一块进行了更新。将前面讲到的运动补间动画重新设定为“传统补间”，也就是需要确定头尾关键帧的补间；而重新将运动补间修改为新的方法，即只需一个关键帧，利用补间区域内各帧位置的调整来创建动画。

应该说，这种调整为动画设定创造了更为便捷的方式，其轨迹标注可以更直观的把握曲线运动，还可以方便地对整个动画长度进行缩放，鼠标操作次数也有一定程度的精简。

举一个小例子。

在第一个关键帧上设计好图形并转化为元件，然后鼠标右键，选择“创建补间动画”，软件自动设置了 25 帧的长度，连续帧的颜色变为蓝色，注意，此时只有一个关键帧在起作用。选择蓝色帧线上的任何一帧，然后在画布中拖拽设计元件，该帧就会出现菱形标志，表明关键帧的位置变化，类似于传统补间动画的第二个关键帧位置。应该说，这种简化是非常科学的，因为对于传统补间而言，首尾关键帧的内容即便相同也要重复复制。

测试影片，元件就会按照拖拽的方向和幅度运动。在拖拽的时候，产生了绿色的轨迹线，并均匀分布着调整节点，调整各节点，路径就变成了曲线方式。这样的操作相对于运动引导层而言有着自己的优势。

在新型补间线上单击右键，在菜单中还可以选择“转换为逐帧动画”，为精细修改动画创造便利。这种全新的补间动画还是 Flash 软件适应 3D 动画处理的一个举措。FLASH 的场景无法旋转，因此利用轨迹点的数字可以对 3D 动画有更好的把握。

新型运动补间动画的轨迹线可以拆分或合并，菜单命令位于“修改 > 时间轴”，分别为“拆分动画”和“合并动画”。如果选择动画帧线的一段，也就是动画的一部分，用鼠标拖拽，则轻而易举地将动画分离成若干分离的帧区域，这也是新特性带来的便利。

图 5.33 为新型的补间动画应用举例：A 为直线运动，B 为对轨迹线的简单拖拽而形成的曲线运动。

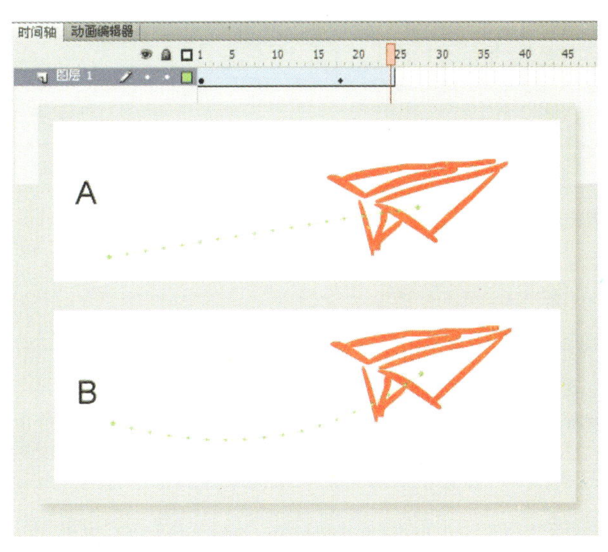

图 5.33

5.2.5 遮罩

Flash 的遮罩（Mask）功能，类似于 Photoshop 中的蒙版功能，可以将利用专门的形状图形（遮罩形状）将目标内容（如图片、设计图形等）约束起来，形状图形之外的目标内容将被隐藏。在图层结构上，形状图形所在的图层为遮罩层，位于目标内容所在图层之上。在两个图层的内容确定下来之后，在遮罩图层名称上单击右键，选择“遮罩层”就可以了。这时，无法直观地看到形状图形，但其作用范围已经显现。此时，两个图层都被锁定，解锁任一图层，两个图层就会回到遮罩前的状态。

这里要强调，普通图形和元件都可以作为遮罩层的元素。无论遮罩层多么复杂，起作用的只是存在矢量图形内容的部分，也就是填充的面积，其他细节将会被忽略掉。

图 5.34 为遮罩层应用前后的对比。

利用遮罩和运动补间动画的配合，可以实现三种动画效果。还是以图 5.34 为例，分别讲解。

第一种，窗口遮罩不动，风景动。针对风景图层设定运动补间，持续一定的时间，窗口遮罩只需一个关键帧并延展到与风景图层等长即可。

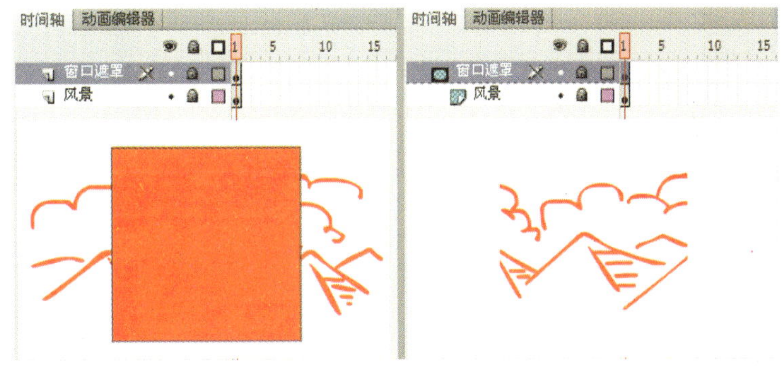

图 5.34

第二种，窗口遮罩运动，风景不懂。针对窗口遮罩设定运动补间，持续一定时间，风景只需一个关键帧并延展到与窗口遮罩图层等长即可。注意，窗口图形设置为元件为宜。

第三种，窗口遮罩与风景都各自运动。两个图层都设定运动补间，互不干扰。

这三种运动方式结合不同级别的元件嵌套，已经为 Flash 动画创作提供了广阔的空间。在学习 Flash 网页设计之前，可以从 Flash 广告和 Flash MV 两个方面加强 Flash 动画的学习。

图 5.35（a）为第一种动画、图 5.35（b）为第二种动画和图 5.35（c）第三种动画（双箭头代表两个图层中内容的运动方向）。

下面通过两个实例来体会遮罩的作用。

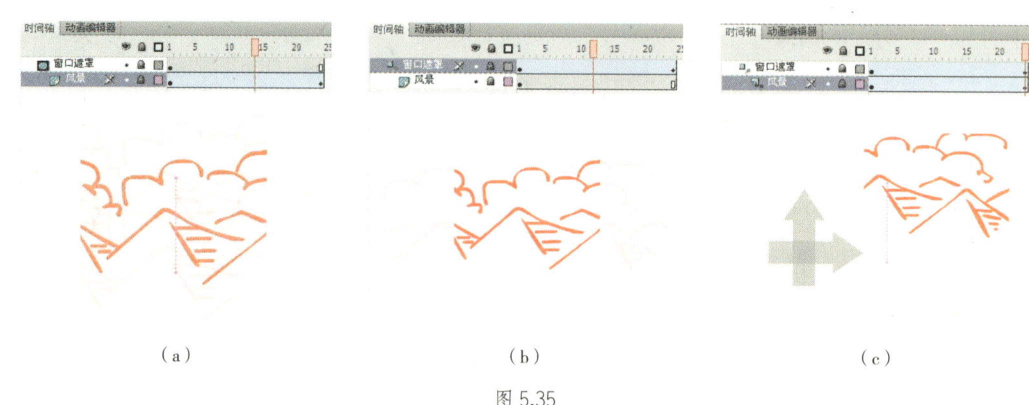

（a）　　（b）　　（c）

图 5.35

< 实例：字体发光动画设计 >

字体动画是 Flash 广告增强内容冲击力的重要形式。对静态的字体版式设计已经非常熟悉，那么如何做到让字体成为焦点，将广告诉求完美地表现出来呢。可以借助字体的依次显现、有节奏的缩放、字体边缘发光效果等方法来做到这一点。这里仅以字体内部的光感效果为例展开讲解。

首先建立宽 550 像素、高 200 像素的画布，并用文本工具创建“贺岁金条”四个字，赋以金色，背景可设置为深灰色或黑色，以衬托光感效果。

分析这个动画，有一束光从左至右掠过文字，这就涉及这个光效果元件的补间动画以及字体的轮廓主导的遮罩效果，同时动画还要持续一定时间。

新建图层，命名为 light，在其中创建一影片剪辑元件，命名为 light，其形状为一有倾斜角度、有一定宽度的白色线条，还可以使用滤镜将边缘模糊（属性面板中的滤镜模块）。在新图层中进行设计，可以先行将其他图层锁定，避免互相干扰，图 5.35（a）。

下面让白色线条从左至右移动，完全划过字体。这时有一个问题需要解决，如何让白色线条只在字的内部出现？这就用到了遮罩功能。我们可以利用图层的复制和粘贴功能在 light 图层的上方复制一个 words 图层，并改名为 mask，这样白色线条就只在字体范围内运动了。

图 5.36 为字体发光动画设计。

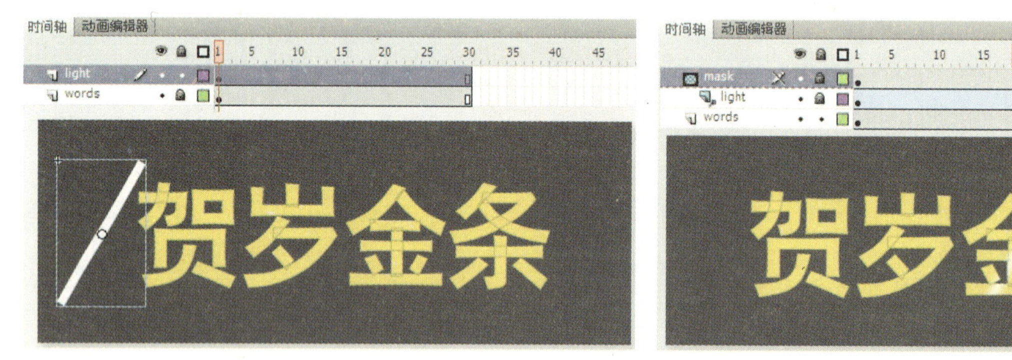

图 5.36

< 实例：图形轮廓变化效果 >

Flash 图形的变化因其结构的层次性和操作方法的多样性，存在着多种可能。下面以一则互联网广告中的“擦除”效果为例进行讲解。更多、更新的形式有待于同学们不断学习、发现。

图 5.37 为中国银行一则互联网广告的擦除效果截图。

图 5.37

方法一：借助 Photoshop（图 5.38、图 5.39）。

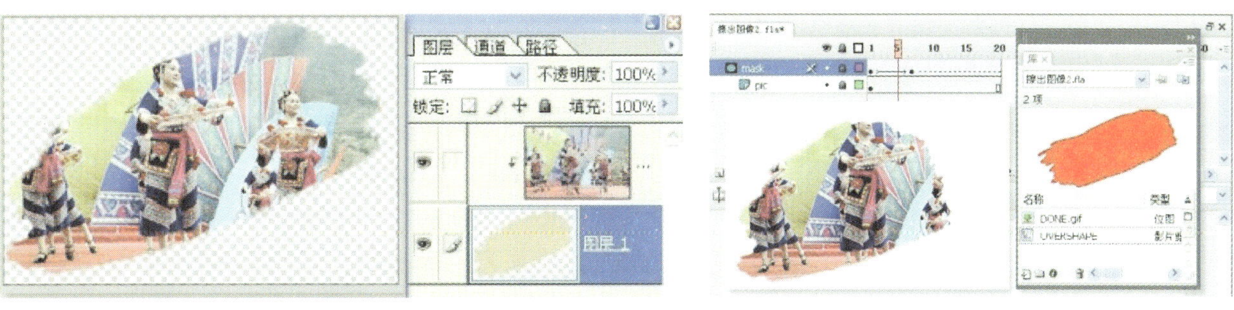

图 5.38　　图 5.39

首先利用 Photoshop 的笔刷创立一个轮廓，大体相当于擦出图像最后定格的轮廓。再利用“剪切蒙版”将所选图片“剪裁”好，存储为 GIF 图片（如果 Flash 文档背景为白色，可以考虑将“杂边”定义为白色。）

回到 Flash 中，将这个名为 done.gif 的图片导入到库，同时放置在名为 pic 的图层上。新建图层，命名为 mask。然后新建元件(影片剪辑)，命名为 overshape，在这个元件中利用 Flash 的笔刷等工具刷出一个比图片轮廓略大的图形。回到场景，在 mask 图层中利用这个 overshape 影片剪辑做一个从左下角至右上角覆盖图片的运动补间，同时再最后延迟一段时间。最后将 mask 层转化为遮罩层，制作完毕。

方法二：利用图形的变化（图 5.40）。

这种方法直接在 Flash 软件中利用连续数个关键帧画出一个轮廓渐变出来的过程，最后一帧持续一段时间，将这些帧所在的图层设定为“遮罩层”。连续动画的制作可以采用逆推的方法。先将完成的轮廓图形放置在第 1 帧，然后连续插入 7 个关键帧，共有 8 个关键帧。选择倒数第二个关键帧，利用橡皮擦和套索工具擦掉轮廓末尾大约 1/8 的位置，依次逆推，直到第 1 帧时左下角的轮廓只剩下约 1/8 了。

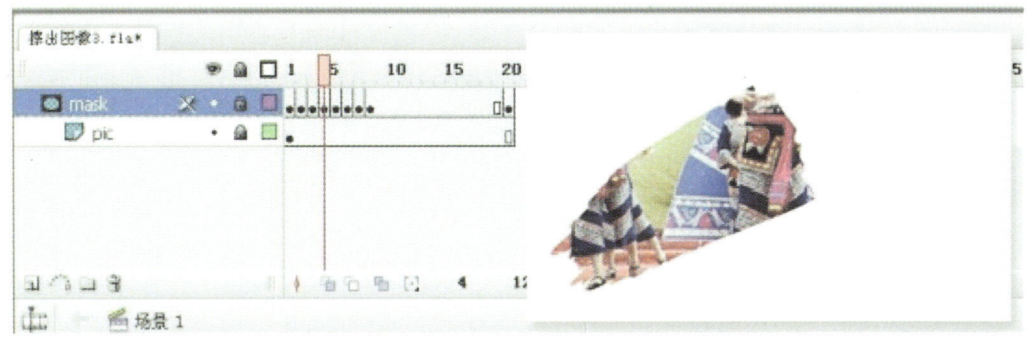

图 5.40

6 Flash 动画实战

图 6.1

6.1 Flash 广告设计

6.1.1 Flash 广告简介

图 6.1 和表 6.1 为网易首页 Flash 广告分布情况和使用情况（截图时间：2010 年 9 月 27 日）。

互联网是与报纸、杂志、电视和广播并列的第五媒体，是新型的信息传播渠道，而广告作为商业传播的重要门类，分布在海量网站的各个显要位置。互联网广告面向年轻、教育程度较高以及购买力较强的受众，结合定向发布功能，可以让广告主事半功倍。2006 年 10 月 30 日的《纽约时报》曾经这样评价谷歌（Google）公司的广告策略："谷歌欲征服麦迪逊大街！" 2010 年初，谷歌公布了 2009 财年第四季度收入报告，谷歌网络广告销售利润首次接近 20 亿美元。如此丰厚的商业利润，离不开网页中每一条广告的功劳。

表 6.1　2010 年 9 月 27 日网易首页 Flash 广告使用情况

序号	Flash 广告类型	尺寸（单位：像素）	数量
1	页面顶部下压式广告	960 × 400	1
2	对联广告	110 × 300	2
3	广告区中央横幅广告	600 × 80	1
4	悬浮广告	160 × 140	1
5	新闻区横幅广告（小）	470 × 120	4
6	新闻区横幅广告（大）	750 × 120	2
7	右侧栏广告（小 1）	200 × 60	1
8	右侧栏广告（小 2）	200 × 120	1
9	右侧栏广告（中 1）	200 × 180	4
10	右侧栏广告（中 2）	200 × 200	1
11	右侧栏广告（大）	200 × 340	2
总计（占页面广告总数 62.5%）			20

静态网页（HTML）和 Flash 是常见的两种网站类型，相似的，互联网广告也分为文字、图片和 Flash 动画等形式，并且这些形式可以分别在两种网站类型中发布。

Flash 广告有着静态图文不能比拟的优势，可谓

“动之有道”。GIF 动画也可以模拟动画，但形式有限，文件相对也大，互动性较差。Flash 动画由于内置 Action 脚本，辅之以特殊的 swf 文档结构，可以实现更为丰富的动画与互动效果，让信息的传播更形象，也更具吸引力。

通过某日网易首页 Flash 广告使用和分布情况可以看出，目前 Flash 广告已经成为互联网广告的主流，是大型门户网站的首要选择。

6.1.2　Flash 广告基本技术特点

在众多 Flash 广告中，线性播放是主要的形式（上面的例子中所有的广告都属于这种类型）。线性播放，即按照时间坐标依次将广告画面播放完毕，然后或暂停等待按钮响应重新播放，或自行循环播放（此类较常见）。此外，也有部分广告采取了鼠标交互的形式，吸引浏览者参与其中，进而打开目标网页扩大宣传效应，目前多数网页游戏的广告都是这种模式。

由于 Flash 广告的持续时间往往只有几秒钟，因此特别适合在 Flash 学习的初级阶段学习。在这几秒钟的时间内，动画效果、节奏把握、内容组织和视觉冲击力的表现从技术的层面上主要依靠第 5 章所讲述的基本概念与方法。除了基本动画之外，有时在广告中还需要加入音效（尽管这并不常见）。下面简单探讨一下音乐文件在 Flash 软件中的应用方法，后面的章节还会讲到利用程序来控制音乐的播放和停止。在设计的末尾，可以学习基础性的 ActionScript 以控制动画序列，也是进入脚本学习的一个合适契机。下面分别讲述。

1. 加入音效

有些类型的广告可能会涉及音效和音乐。Flash 软件支持 wav、mp3 等多种音频格式。下面以简单音效的导入为例简单介绍一下。

创建新文件，存储为 sound.fla。点击“文件 > 导入 > 导入到库”菜单命令，选择示例音效（sample.wav），最后点击“确定”。经过这步操作，wav 音效就内嵌在 fla 文件中，这是 Flash 设计与 HTML 静态网页不同的地方。

将默认图层更名为 sound，将第一个默认的空白关键帧延长至 30 帧。在属性面板中的声音下拉框中可以找到 sample.wav 这个文件，将其选中，music 图层相对应的帧就播放音效。预览文件，感受音效的播放特点。

图 6.2

图 6.2 为音效的选择与帧内容。

要注意同步选项中“事件”和“数据流”的区别。“事件”相当于在画布中嵌入了音效，每次重复到第 1 帧都会从头播放音乐；“数据流”则让音乐严格按照帧位置播放，在图 6.2 的示例中，音效播放到 20 帧的位置就会停止。后面讲到的 Flash MV 就很适合使用“数据流”的设置，以便在网络传输状态不理想的情况下，音乐和内容始终可以保持同步。

2. 简单脚本控制

Flash 内置的脚本控制可以让动画的线性播放受到控制，比如重复播放、停止、鼠标交互响应、链接至其他网页等。

ActionScript 和 JavaScript 共享一个常用标准：ECMAscript。因此，很多 JavaScript 的编写方法都可以挪用到 ActionScript 中来，编程从根本上讲很多方面是相通的。在使用 Flash 新建文档的时候，会遇到 ActionScript 版本的选择。ActionScript3.0 版本新，功能强大，支持包括 3D 工具、骨骼工具的新版本特性；但对于动画效果和鼠标相应的控制，2.0 版本也非常简洁、易懂，例子相对也丰富。如果将来致力于 ActionScript 脚本开发和 Flex 架构网页的设计，要侧重学习 ActionScript3.0。本教材的脚本实例如无特别说明都是 ActionScript2.0。因篇幅关系，由于在 JavaScript 部分已经对脚本语言的基本语法进行了总结，ActionScript 的相关语法也可以其做参考，不再单独讲解。

下面仅以最基本的停止命令的编写为例编写第一条 ActionScript 脚本。

ActionScript 属于内置脚本，可以附加在关键帧上。一般 Flash 文件最上方的图层都命名为 action 层，专门放置脚本。早些时候的编程习惯还会将脚本附加在画布中的实例上，使得脚本分散到各处，难以查找，应尽量避免。

在动画文件中增加 action 图层，并在最后一帧处插入关键帧。选择最后一帧，按 F9 键调出“动作”面板，在空白处就可以编写脚本了，代码如下：

```
stop ( ) ;
```

图 6.3 为停止命令 stop 的编写。

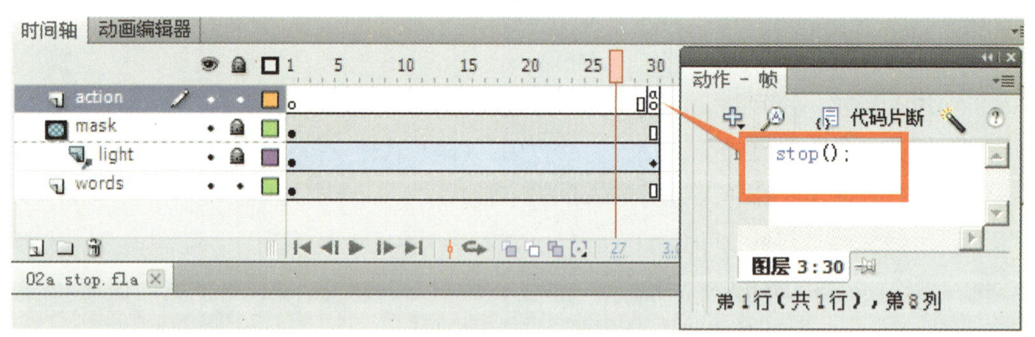

图 6.3

既然是代码和程序范畴，一定要注意编写规范，不可马虎。对于这个例子，显然程序标准的定义者以英文释义为参照确定了相关命令的编写方法，比如停止（stop）；但从另一个方面来看，这不过是机器能看懂的一个字符串而已，电脑是不会理会 stop 在英文字典中是什么含义的，所以一定不要过于依赖英文释义，要以词条标准为主。

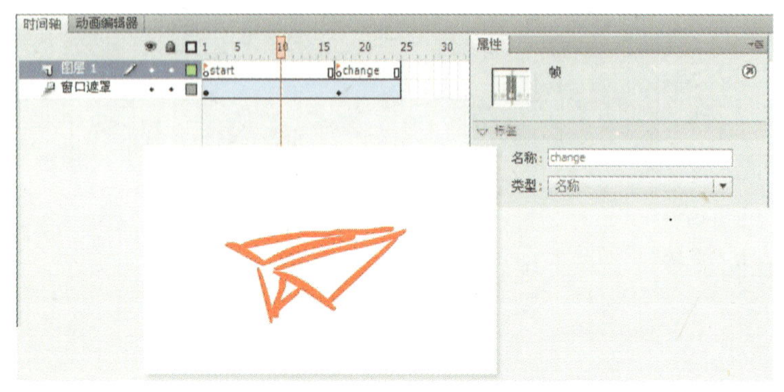

图 6.4

编写了脚本的关键帧上会出现一个 a 图标，以方便开发者在时间线上查找。

3. 帧标记

图 6.4 为帧标记。

对于数量众多的帧，有时候需要针对特殊的时间点进行标记。一般情况下，要保留有单独的图层进行关键帧的标记，可以将其命名为“label”，放置在 action 图层的下方。在合适的位置新建空白关键帧并选择它，在属性面板的标签栏中添加名称。该帧会随即标记出一枚“小红旗图标”，刚才输入的名称会在标记右侧显示。

标记名称还可以作为 ActionScript 定位的目标，比如随后涉及的 gotoAndStop 命令等，如果其参数设定为某帧的标记名称，时间线就会在命令被触发的时候停止在那一帧。

6.1.3 广告实例

下面以一件某保险公司互联网广告提案稿为例讲解 Flash 动画广告的制作步骤。

图 6.5 为示例广告的基本结构（广告关键帧抓图）。

图 6.5

首先要与广告主、广告公司等部门及相关人员沟通好广告的基本要求，包括商业策略、基本诉求等，在此基础上规划设计。设计初期可以确立相关草图和基本结构，虽然时间只有数秒，仍然有上百帧的空间需要规划。

图 6.6

针对这个广告，首先规划出汽车旋转、人与车组合、主广告语、电话场景和信息汇总等场景，并分别确立好相关的元件，如旋转汽车、男人、女人、神秘之光、广告语各汉字等。一定要合理安排，按照时间线的顺序处理好各元件的结构关系。

下面针对相关步骤择要点讲述。

1. 旋转汽车

广告的开始阶段展示一段汽车旋转的动画，需要 8 个角度的汽车图片，并且在 PS 中处理为边缘透明。Flash 是可以处理 PS 文件图层的，因此不必非要存储为 GIF 图片格式。

图 6.6 为“旋转汽车”模块帧结构。

建立名为“旋转汽车”的元件，将库中的 8 个透明边缘的汽车图片依次放入，每张图片持续 2 帧，循环播放，即成为旋转汽车的动画。

旋转汽车元件在整个动画中还有自己的缩放和移动路径，这就是前面提到的自转与公转效果。

2. 场景切入（淡入淡出）

图 6.7 为“男人”、“女人”两个动画模块的连接。

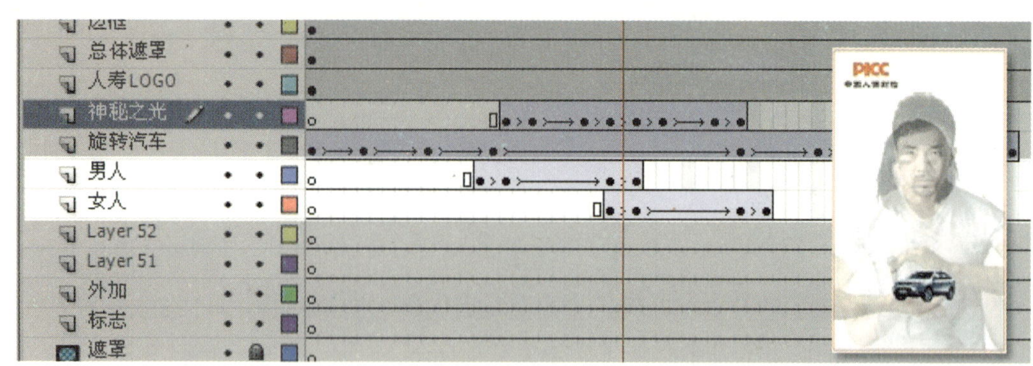

图 6.7

旋转汽车缩小下移之后，将会成为男女主角的掌中呵护之物，这时就需要切入男女主角的图片。这种切入主要依靠图层的堆叠。也就是说，所看到的整体效果实际上可以来源于不同图层间的配合。

图 6.8 为桥状结构示意图以及 Alpha 选项。

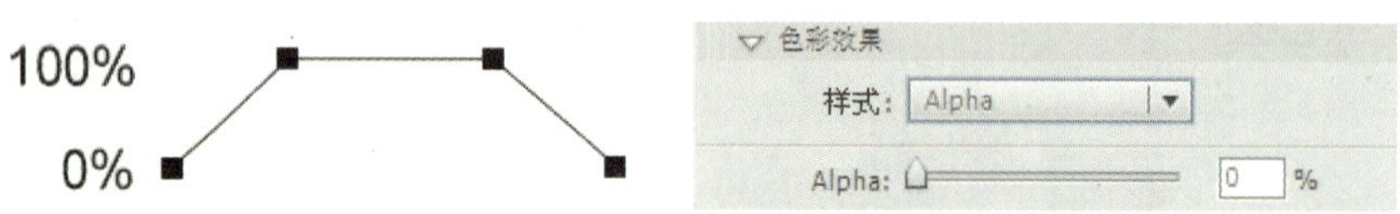

图 6.8

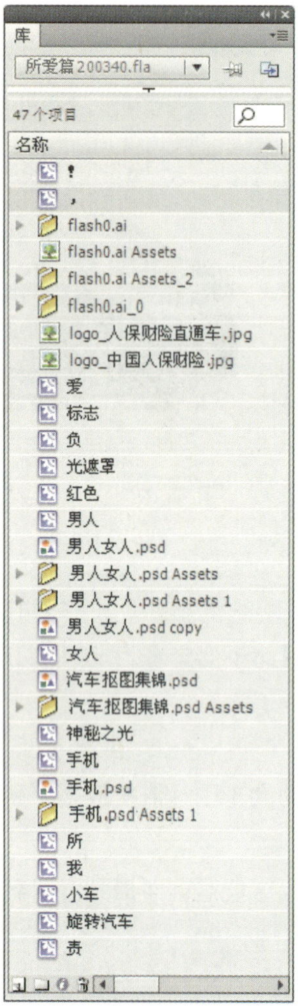

图 6.9

常用的场景切入（淡入淡出），可以使用桥状结构，也就是三段结构，包括透明度 0 ~ 100%、100% ~ 100%、100% ~ 0% 三个阶段。在相应关键帧的画布上选择实例，然后在属性面板中选择“样式 >Alpha”，就可以调整透明度了。这个方法很常用，需要熟记。

3. 位图运用

本例中的“神秘之光”元件，有着轻柔的发光效果，实质上是对一张位图图片进行的若干次数透明度的处理。毕竟 Flash 只是图形设计软件的一种，设计形式也有限。Photoshop、3Dmax 等软件创作出来的图像效果也要合理、充分的加以运用。手机沿着边缘发光的那段动画也利用了 Photoshop 制作的一个光线轨迹效果图，然后与移动的遮罩结合，形成光感掠过的效果。

4. 字体动画

前面已经提到关于字体的一些操作技巧。本例主广告语“我所爱，我负责！”需要重点强调，这就需要将广告语中的 8 个字符分别转化为元件，各自占据一个图层，就可以实现字体依次出现的效果了。

最后，还要注意 Flash 广告的节奏，不要过于拖沓。

图 6.9 为广告动画库面板内容。

图 6.10 为广告动画图层及时间线结构。

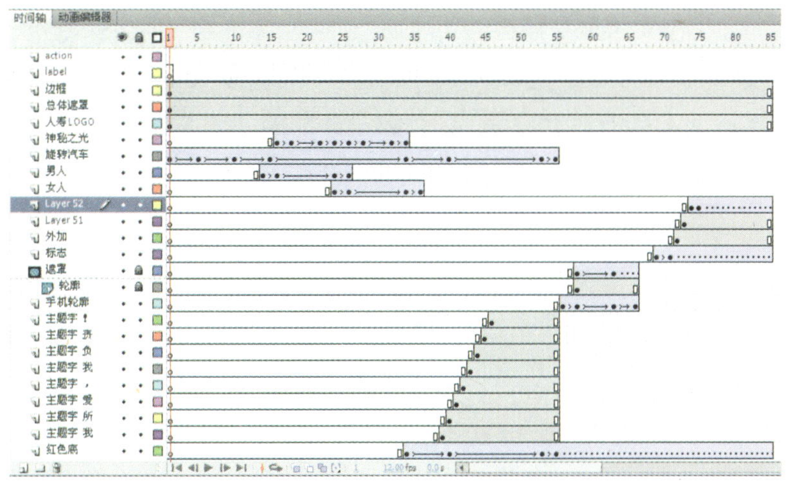

图 6.10

6.2　Flash MV 制作

6.2.1　Flash MV 简介

Flash 动画因为其相对简便、平面化的特点，日渐成为 MV 制作的重要工具。

在国内，提到 Flash MV，不能不说老蒋（蒋建秋）。以《新长征路上的摇滚》、《红先生》为代表，老蒋的 Flash MV 作品如同一杆大旗，引领了千万闪客沿着梦想的大路前进！老蒋对于 Flash 的认识源于 1999 年夏天的一次网络邂逅，当时他正在为一家意大利网站做汉化：“(Flash 动画) 比原来的那些动画图片强太多了，居然可以实现这么多效果。” 1999 年 9 月，中国 Flasher 的大本营“闪客帝国”论坛成立；2000 年，中国 Flash 元年，老蒋的《新长征路上的摇滚》被认为是标志性的作品。图 6.11 为老蒋 Flash MV《新长征路上的摇滚》截图。

随着时间推移，Flash 作品日趋繁杂，闪客的热情在模糊的盈利机制下也逐渐归于平淡，于是 Flash 动画进入一个相对平和的时期，但商业模式却日益清晰，比如白丁与中央电视台《快乐驿站》的合作，还有皮三为贾樟柯电影《世界》制作的动画，都很有代表性。

图 6.11

国外的 Flash 动画相对而言发展更为成熟，特别是艺术性动画，正是国内诸多闪客需要不断重视的地方，这已经不单单是技术层面的东西。Flash MV 对手绘功底的要求很高，这也是学习者需要不断加强、提高之处。

Flash MV 是数码设计领域体现技术与艺术完美结合的一种创作形式。莎士比亚说：“一千个观众眼中有一千个哈姆雷特。” 同样，对于同一件音乐作品，一千个闪客心中也会有一千个答案，这就是 Flash MV 创作的动力所在。

图 6.12 为左岸工作室早期 Flash MV 作品《东北人都是活雷锋》截图。

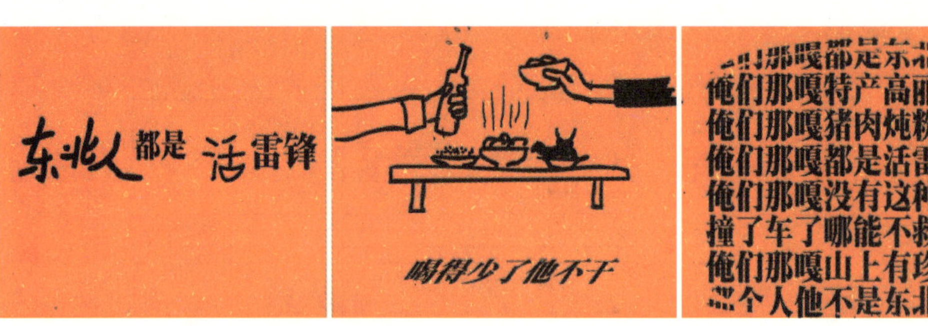

图 6.12

实际上，除了好的音乐作品可以增强 Flash MV 的艺术感染力，成功的 Flash MV 也会让音乐作品迅速流行开来。经过创作者解读的音乐作品对于互联网用户来说更有趣味，更易接近。2001 年，一条简版的《东北人都是活雷锋》在网络上流行开来，很多人对红底黑字的东北话津津乐道，却可能连歌曲作者是谁都没来得及弄清楚。这就是 Flash MV 的独特魅力！

今天的 Flash MV 行业进入到一个平静的时期，这种平静反而有助于这个行业出高水平的作品，包括商业作品在内。从学习的角度，可以单纯地利用这种设计形式提高自身的 Flash 设计水平。

6.2.2 Flash MV 基本技术拾遗

应该说，Flash 广告涉及的技术特点 Flash MV 同样具备，在内容构建与表现方面，二者并无实质区别，只是应用目的不同。特别是音频内容，Flash MV 不可或缺；Flash MV 的长度也大多是网络广告的几十倍。

1. 原创形象

Flash 广告可以单纯地依赖商品图片或文字完成设计目标，但对于 Flash MV 而言，有一个核心的人物形象显得非常重要。一般来说，Flash MV 需要故事情节和人物角色，因此手绘功夫成了创作的重要一环。老蒋为了完成《红先生》，曾经拿出一个月的时间创作崔健的个人形象。

人物形象之外，所有场景的绘画风格也要求鲜明、统一，这样才能突出整个 MV 的艺术特征。音乐作者的个性必然要影响 MV 的个性，更何况还有动画导演以及制作者的创作介入，做到这三部分的融合与平衡非常重要。

2. 进阶工具的使用

在第一章讲述的常用工具之外，Flash 软件还有 3D 旋转【W】、3D 平移【G】、Deco 工具【U】、骨骼工具【M】、绑定工具【M】等工具，它们都有着各自独特的功能，可以让动画变得更为科学、合理，增强 Flash MV 的视觉冲击力。

（1）3D 工具与动画。图 6.13 为立方体制作的准备工作，也就是六个面的影片剪辑设计。

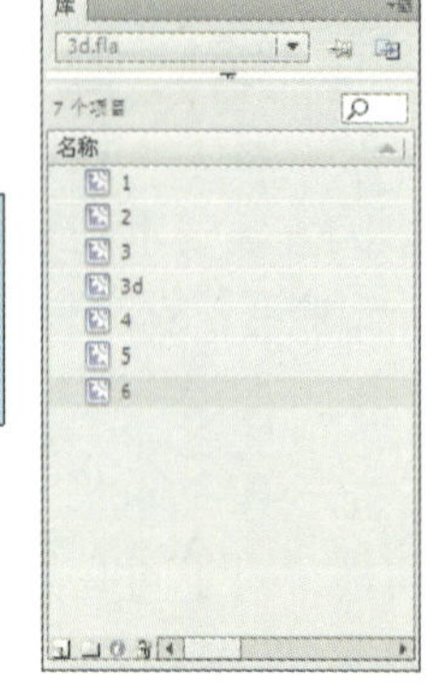

图 6.13

< 实例练习：立方体的制作 >

Flash 新版本提供了 3D 动画功能，也就是突破了二维形态，增加了垂直的 Z 轴，以完成不同面的拼合。首先分别建立 6 个影片剪辑元件，以 1 ~ 6 命名。

利用 3D 旋转工具选择任一元件，就可以对 3 条轴分别控制，红绿蓝 3 条线分别代表 X、Y 和 Z 轴，而最外围的橙色线则代表自由拖拽的手柄。图 6.14 为 3D 旋转要用到的几类面板。

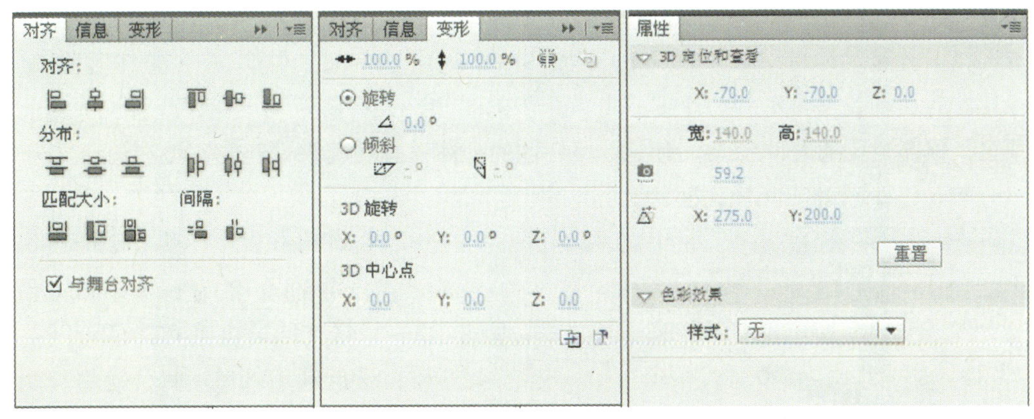

图 6.14

针对每一个元件，利用属性面板中的“3D 定位和查看”以及变形面板（快捷键为【Ctrl+T】）中的“3D 旋转”等属性来定量的平移和旋转元件，使其围绕成一个立方体。为了初始定位每个元件，还要利用对齐面板（快捷键为【Ctrl+K】）中的两个居中对齐使其位于舞台中央，再将其平移和旋转。每次调整都针对于 X、Y 和 Z 轴的相关数值进行调整，比如边长或边长的一半等，确保数值的准确性，尽量避免鼠标拖拽。在调整的过程中，还要把透视角度设为 1，使得元件的位置更好把握，避免透视变形过大，影响判断。此外，还要将每一个元件的透明度降低，比如 60%，这样有利于观察到各个面的内容。

每个元件的边长是 140px，因此，以元件 1 的中心点为参照点，其他元件的相关数值设置得当，就会得到一个立方体。这里面一定要注意各坐标轴的正负方向。

图 6.15 为完成的正方体设计。

图 6.16 为 3D 坐标轴体系。

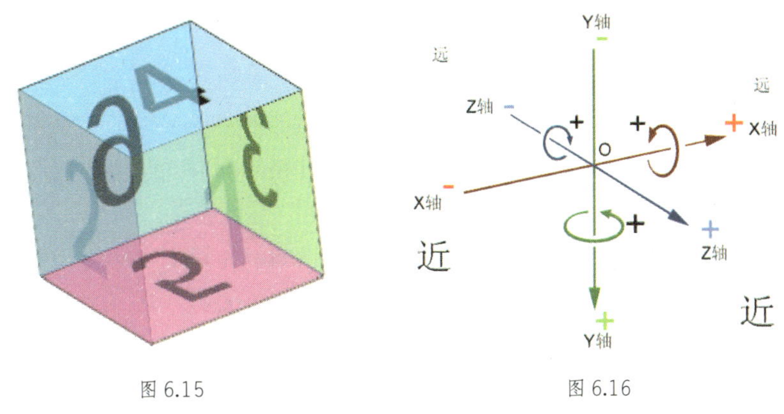

图 6.15　　　　图 6.16

完成的立方体元件可以使用 3D 旋转工具和平移工具在时间轴上创建补间动画，形成动画效果。

相关参数如下：

元件 1：3D 定位和查看数值：X–70；Y–70；Z0；3D 旋转：X0；Y0；Z0；

元件 2：3D 定位和查看数值：X–70；Y–70；Z–140；3D 旋转：X0；Y–90；Z0；

元件 3：3D 定位和查看数值：X70；Y–70；Z0；3D 旋转：X0；Y90；Z0；

元件 4：3D 定位和查看数值：X–70；Y–70；Z–140；3D 旋转：X90；Y0；Z0；

元件 5：3D 定位和查看数值：X–70；Y70；Z0；3D 旋转：X–90；Y0；Z0；

元件 6：3D 定位和查看数值：X–70；Y–70；Z–140；3D 旋转：X0；Y180；Z0。

（2）骨骼工具与动画。Flash 的骨骼工具解决了这样一个问题：一个整体形象中，各元件的运动要互相牵制。比如一个人跑步的时候，大腿要带动小腿，或者说头向前倾斜，颈部也要随之伸展等。有了骨骼特性的个体动画看起来更有真实性。

图 6.17 为骨骼工具使用实例。

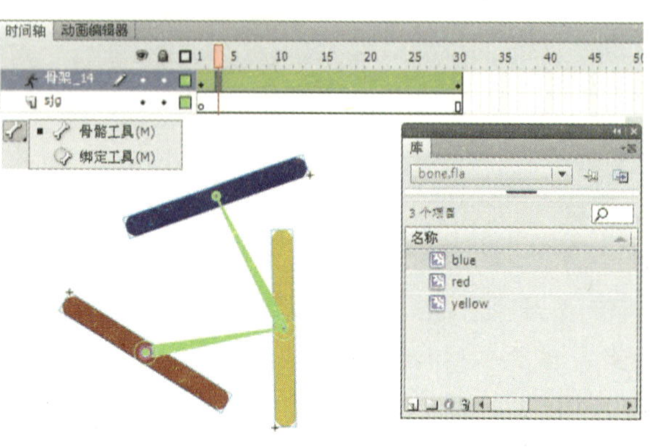

图 6.17

在练习样例中，建立 3 个条状元件，分别命名为 red、yellow 和 blue。将其拖拽进画布，位于同一层，然后利用骨骼工具依次将其两两相连，并赋予其运动补间，3 个元件的相互关联运动就建立起来了。利用这个方法，还可以建立人物的动作等。

（3）Deco 工具。Flash 的 Deco 工具有两种类型的应用，一个是静态图案的蔓延性填充；一个是动态效果的逐帧建立，可分别点击尝试（再次点击 Deco 工具即停止建立填充），此处不详细叙述。

3. 处理视频文件

从两个方面来研究 Flash 对视频文件的处理。

一方面，Flash MV 本身导出或发布动画视频，以 swf 或 flv 两种格式存在，并上传至网络。

回望数年前，在网上能见到的视频多为 mov、rm 和 ASF 等格式。虽然流媒体的应用一直都未停止，这些格式或多或少的都在流媒体播放这方面进行了优化，但结果仍然不理想。

Flv 视频文件轻巧、转化方便，已经成为互联网视频格式的主流，充斥在优酷、QQ 空间、人人网等各种网站，流畅方便的视频时代已然来临。

Flash Video Encoder 组件可以轻松将 avi 等文件格式转化为 flv 视频文件。一般来说，Flash Video Encoder 组件在安装 Flash 主程序的时候就已经默认安装完毕，只是在使用的时候需要附加的编码器完善，比如 DirectShow 和 QuickTime 的相关版本。

Flash 使用 On2 VP6 视频编解码器编码视频文件。On2 VP6 编解码器文件大小与质量的“性价比”很高；音频一般使用 MPEG Layer III，即我们所熟知的 MP3 格式。

图 6.18 为 Flash Video Encoder 正在转换视频。点击“设置”按钮可以在转换前调整相应选项，包括音视频解码器和位置位移等。

另一方面，Flash MV 本身也可以调用视频文件。Flash 软件提供了完善的视频导入功能以便在 swf 文件中播放视频。以 Flash CS3 为例，点击菜单文件“文件 > 导入”，找到示例 avi 文件，就会弹出“导入视频”对话框，点击“下一步”，会看到在部署面板中有几种视频导入模式。

四种模式中，前三种（“从 Web 服务器渐进式下载”、“以数据流的方式从 Flash 视频数据流服务传输”和“以数据流的方式从 Flash Communication Server 传输”）部署视频的机制相似，只是受制于服务器的类别与条件，在学习中可以选择第一种即“从 Web 服务器渐进式下载”进行模拟操作。Flash 视频导入时独立播放，并具备可选样式的控制按钮组件（FLVPlayback）。

视频导入后，经过“测试影片”或“发布”等步骤，在文件夹中会有相应的 flv 视频文件和 swf 舞台文件，同时还有播放控制模板文件，如“ArcticOverNoVol.swf”等。

第四种，即“在 SWF 中嵌入视频并在时间轴上播放”选项则依据视频的持续时间将其分布在 Flash 文件时间线的各帧，失去了独立播放的条件，必须依附时间线播放。这一种文件类型相对简单，只生成 swf 文件。

在导入视频面板的“外观”板块，可以为视频选择多种控制面板的样式。导入视频后，可以使用“任意变形工具”任意更改画布中的视频组件尺寸，以便其符合网页版式的需要，但是要注意不要轻易改变视频的比例。

图 6.19 为 Flash 部署视频的几种模式。

此外，Flash 还可以生成 QuickTime 类型视频，此处不再展开。

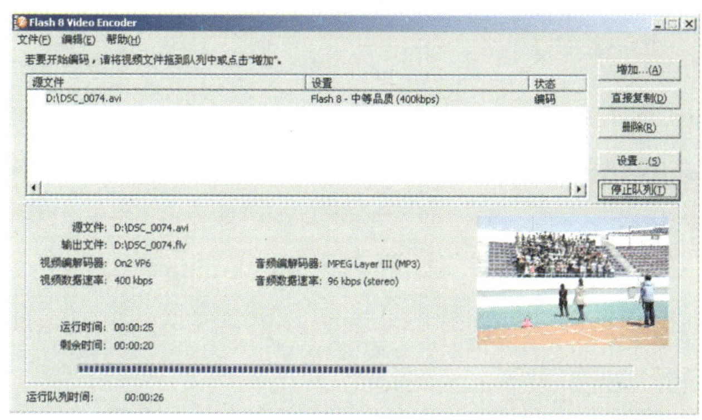

图 6.18

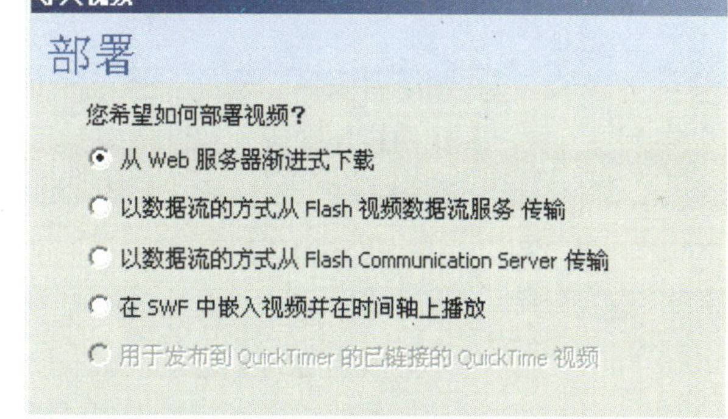

图 6.19

6.2.3　Flash MV 实例欣赏

图 6.20 为 Gorillaz 作品 19-2000 截图。

国外 Flash MV 作品中，虚拟乐队街头顽童（Gorillaz）让人印象深刻。这支 4 人组合乐队由贝斯手 Murdoc 担任团长，成员包括主唱 ChakaKhan、吉他手 Noodle 和鼓手 Russel。他们隐匿在著名漫画人 Jamie Hewlett 创立的动漫形象之后，用包括纽约黑人嘻哈、牙买加雷鬼 Dub、古巴传统情歌或是英伦庞克摇滚在内的多元曲风迅速走红，成为虚拟乐队的代表，也从一个侧面展示了 Flash 动画艺术的魅力。

19-2000 是 Gorillaz 动画 MV 的代表作之一，由 Jamie Hewlett 和 Peter Candeland 执导。4 名容貌怪异、个性鲜明的乐团虚拟人物开着沙滩车沿着扭曲的公路“踏歌而行”。一路上，遇到了过山车式的路段，还有一架 UFO 企图摧毁他们。最后，他们遇

图 6.20

到了一头巨型麋鹿。男一号 Murdoc 试图发射导弹摧毁麋鹿，但麋鹿只需一个喷嚏就让两枚导弹乖乖地“调整”目标，将沙滩车炸个粉碎。短片在四名成员乌黑不堪的窘态中收场。

这首 MV 甚至还有多个版本，虽然改动不大，但也颇有趣味。总的来说，整个动画夸张、随性的设计风格源于音乐本身放荡不羁的特色，人物形象、背景、情节、音乐等因素达到了完美的统一。

在腾讯动画频道等渠道可以欣赏到更多的 Flash MV 作品，同时也可将自己的作品上传到网络，与志同道合的朋友不断交流，共同进步。

7　Flash 网站设计基础

7.1　简单网站结构设计

7.1.1　基本内容设计

第 6 章讲述的内容面向 Flash 的线性播放，这一章我们将人为地介入对这种线性播放的控制，这也是网站设计的基本策略。一般来说，网站的首页作为各项内容的入口，需要用户的参与进行内容的选择，而选择习惯和方式因人而异。这种非线性的控制是网站运行的基础。和静态网页多个页面组合不同，Flash 网站可以将所有的内容整合在一个或多个 swf 文件当中，内容的过渡可以更加平滑、富有变化，这也是 Flash 网页设计的魅力之一。

本节搭建一个类似于网站内容结构的简单模型，包含了按钮控制、时间线跳转等方面的知识，目的是让读者从线性的 Flash 动画制作思维中转移出来，重点关注 Flash 结构设计，特别是内容与人的交互设计，这是 Flash 架构网站的基本着眼点。本小节示例软件版本为 Flash CS3，特此说明。

1. 新建文档

图 7.1 为新建文档对话框（注意选择 ActionScript 脚本类型）。默认画布的尺寸为 550px × 400px，由于例子内容不多，高度可以缩小到 200px。选择“修改 > 文档”，调出“文档属性”对话框，将高度修改为 200px。注意，只需写入 200 即可，Flash 默认的尺寸单位就是像素（px）。

2. 放置 Logo 和直线（库）

接下来将相对比较固定的内容放在画布上，分别是 Logo 和直线装饰。首先利用 Photoshop 设计好 logo 图片和“think simple”图片，然后利用“文件 > 导入 > 导入到库”将图片放置在库面板中。

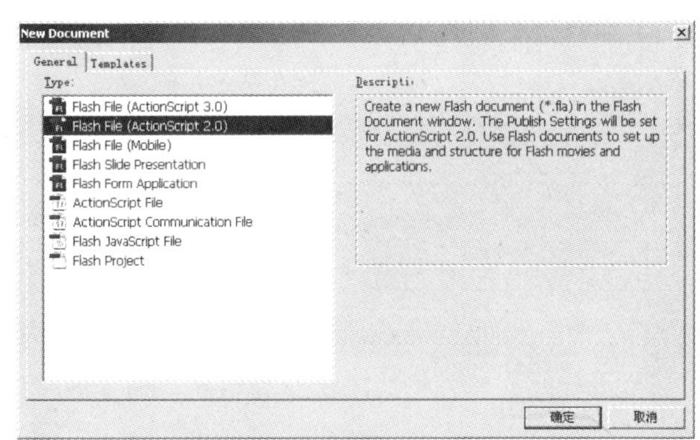

图 7.1

“库”是 Flash 软件的一个特色功能设置，用来放置文件制作所用的原材料，比如图片、声音等，同时也放置项目制作过程中生成的影片剪辑和渐变等。如果把 Flash 设计比作烹饪，那么可以把库看作备菜篮，而且里面最好是盛放干净的蔬菜，也就是说，库里面的素材要经过加工整理过才好，避免文件过大或未修饰，给最终的网页文件造成负担。默认情况下，库面板在 Flash 界面右侧显示，否则，点击“窗口 > 库”可以调出库面板。

图 7.2 为文档属性对话框。图 7.3 为已经导入相关图片的库面板。

由于本例的页面设计包括了数个内容模块，素材也分为几类，因此在将其置入画

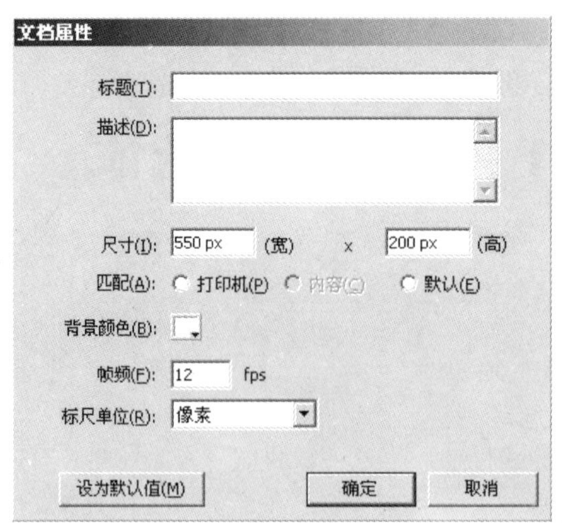

图 7.2

图 7.3

布之前，要调整 Flash 文件的图层。预留文档唯一一个默认的图层为背景层，命名为“bg”，在此图层上只进行背景颜色的设置。

Flash 的图层面板位于时间线面板的左侧，操作方法与 Photoshop 的图层面板相似。需要特别指出的每个图层都有可以设置的轮廓线颜色，这和矢量图形设计边缘线比较繁杂有关。

新建一个图层，命名为 logo。接下来将两幅图片拖拽到面板上，调整到合适位置，并辅之以直线。

点击每个图片，属性面板中会有尺寸和位置数据调整输入框，分别用“宽”、“高”和“X”、“Y”来显示。将 XY 数据尽量确定为整数是一个好习惯，可以避免文字模糊。

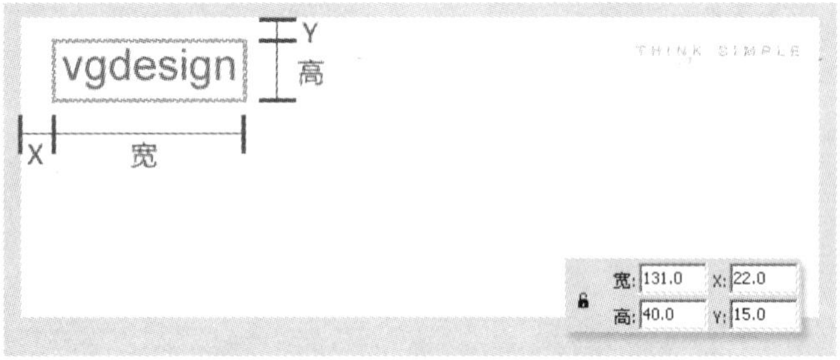

图 7.4

图 7.4 为通过属性面板调整图片的位置。

本例，分别将 logo 的位置定为 X：22.0；Y：15.0，将 THINK SIMPLE 图片定为：X：420.0；Y：15.0。这里建议无论使用何种软件进行版式设计，都要尽量使用其坐标定位功能，即快捷又严谨。

利用线条工具在 logo 的下方划上颜色为“#999999”的直线。这里要说明的是，Flash 的颜色框有两种：笔触颜色（Stoke color）和填充色（Fill color）。线条的颜色取决于笔触颜色。可以将笔触颜色看做是图形的轮廓线颜色（Line），填充颜色为图形的面颜色（Fill）。当然，如果使用“修改 > 形状 > 将线条转化为填充”命令改变线条的属性，这样起作用的颜色就是填充色了。

如果线条的宽度超过了画布的范畴也不是大问题，因为最终 SWF 文件在画布的区域内展示，超出画布的素材在网页中不会被看到。在单独预览 swf 文件的时候，如果放大播放面板，是可以看到画布之外的元素的。基于此，尽量简化画布外的设计元素是一个好习惯，比如将直线的宽度与画布的宽度设为相同值。

直线的 Y 值可设为 60。

3. 按钮设计

本例共有 3 个网站按钮，形式相同，内容分别为 home、about 和 contact。下面以

home 为例讲解。

首先建立新图层 button。然后利用矩形工具生成宽 115px、高 24px 的矩形，笔触颜色为“#999999”，填充颜色为“#CCCCCC”。坐标值为 X：30、Y：75。

利用字体工具在矩形居中的位置写入“home”字样。

图 7.5 为 Flash 的文字属性面板，同时注意画布上文本框右上角的圆形图标。

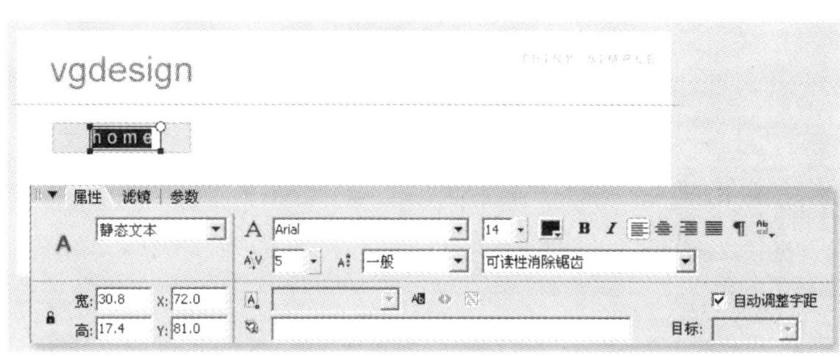

图 7.5

Flash 的文字设置与其他设计软件的文本功能基本相同。和 Photoshop 一样，Flash 的字体输入宽度控制取决于文本工具在画布上的操作方式。如果只是单击画布，则文本框的右上角为圆形图标，表示可以文本框随着文字的长度变化而变化；如果利用文本工具在画布上确定一个矩形区域，则文本框右上角显示的是方形标志，表示文本框的宽度已经确定，文字如果超出宽度则自动换行。在第二种情况下，双击方形标志，则转化为第一种情况。

本例中设置字体为 Arial，字号为 12，字间距为 5，颜色为“#000000”，即黑色。

利用选择工具将矩形和文字全部选中，利用以下三种方法择一调出“转化为元件”对话框：

（1）点击菜单“修改 > 转化为元件”。

（2）右键选择“转化为元件”。

（3）快捷键 F8，建议用此方法。

图 7.6 为“转化为元件”对话框。

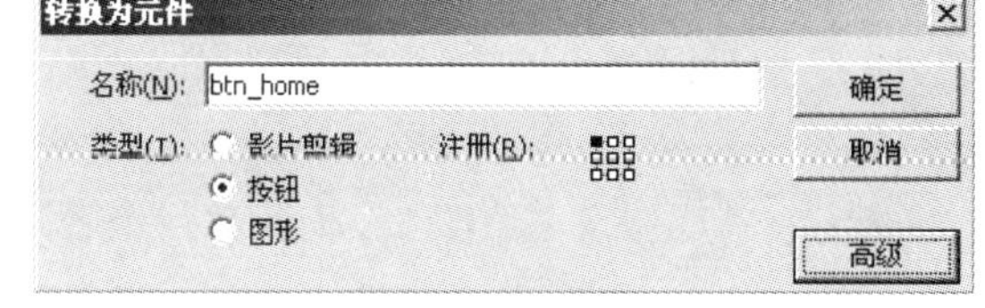

图 7.6

在对话框中建议更改名称，本例更改为“btn_home”。然后选择“按钮”类型。这时库面板中同时增加了名为“btn_home”的按钮元件，同时画布上的按钮也同时变为此按钮的实例。

在按钮 btn_home 的编辑状态中，也就是脱离了场景，进入到元件编辑状态中，可以看到按钮元件的固定帧结构。按钮元件共有四种帧状态：弹起（up）、指针经过（over）、按下（down）和点击（hit）。前面三种状态比较好理解，分别为正常、鼠标放在上面和鼠标点击下去三种状态，第四种“点击”状态和按钮的点击面积相关，在后面章节中会详细讲到。一般情况下，前面三种状态就可以定义一个响应功能完整的按钮了。

由于本例中先设计图形，后转化为按钮元件，所以第 1 帧已经设计完毕。选择第 2 帧，加入关键帧，第 1 帧的内容就自动复制过来了。由于要让按钮在鼠标经过的时候有一些变化，因此在这一帧中将矩形的填充颜色改为一种蓝色“#0099FF”，字体不必改变。本例中的修改虽然简单，但这种以帧的形式进行按钮状态变化的设定有着极大的设计可能性。结合元件的嵌套功能，可以为按钮的鼠标响应创建更复杂的效果。

继续对“按下”状态进行修改，颜色可以换为深一些的“#0066FF”。

至此三个状态都设置完毕，可以预览文件并体会按钮颜色对于鼠标动作的响应。

下面利用相同的方法制作其他两个按钮，按钮中的文字分别为“about”和“contact”，在库面板中对 home 按钮直接复制、重命名并进行相关修改是一个不错的选择。

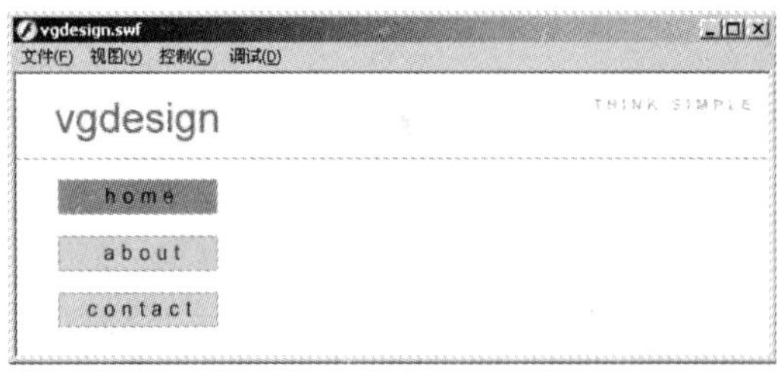

图 7.7

最终三个按钮的横坐标 X 都是 30，纵坐标 Y 分别为 75、115 和 155。

图 7.7 为三个按钮的最终设计效果，其中按钮“home”为鼠标经过时的状态。

4. 分栏目内容设计

有了导航的按钮，还要为其配置各自的内容。在这里使用一些无意义的文字作为内容填充之用。

首先在 button 图层上方新建一图层，名为“content”。在第 1 帧被选中的状态下，利用文本工具在按钮的右侧设置合适的区域，并加入相关文字。接下来分别在第 10 帧和第 20 帧插入关键帧，将另两段示例文字放入。可以利用插入帧的方法在第三个关键帧后面设置等长的帧范围，也就是延长到第 29 帧的位置。这里要指出，在哪里设置关键帧并不重要，只是为了视觉上的规律性才选定了第 1、10、20 三个帧为关键帧的位置。

预览文件，发现除了 3 块内容文字在交替出现，logo 等内容一闪而过。通过对时间线的观察可以找到这种运动效果的原因所在：所有图层的帧持续时间要对齐在 29 帧才行。也就是将鼠标放置在每个图层的第 29 帧，分别插入帧（而不是关键帧）就可以了。

再次预览，简易网站模型基本成型，只是内容还在无休止的重复，这就需要加入程序代码进行控制了。

图 7.8 为调整每个图层帧持续时间的前后对比（上图和下图）。

5. ActionScript 脚本编写

Fla 文件开发和设计者都约定俗成的在 Flash 文件所有图层的顶端设置一个名为 action 的图层，用来存放 ActionScript 代码。本例也是这样，新建一个 action 图层，鼠标选中第 1 帧，利用快捷键 F9 调出“动作”面板，就可以编写代码了。

图 7.9 为 stop() 语句的编写和相应的图层结构。

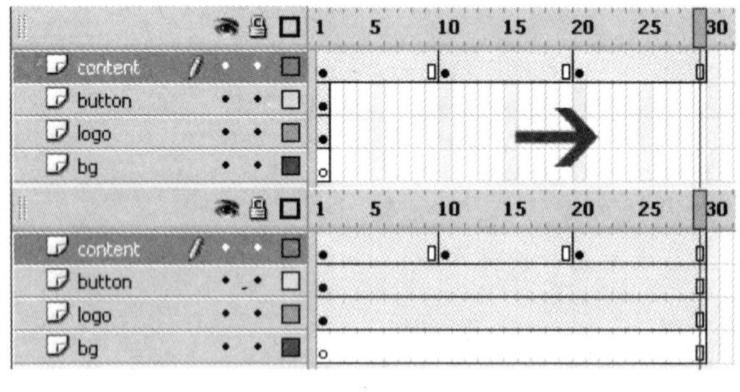

图 7.8

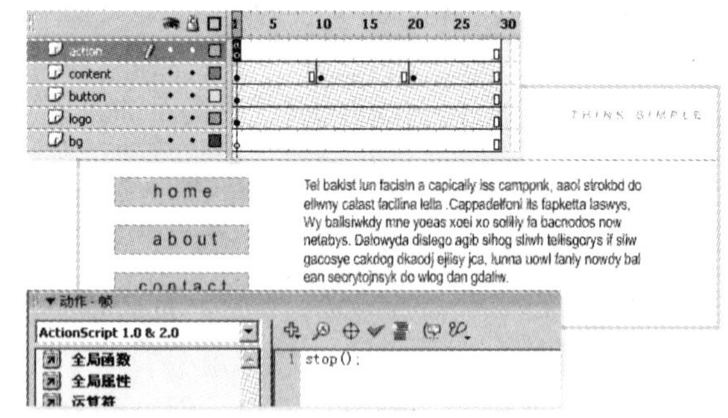

图 7.9

首先要控制整个文件不要反复播放，要停止在第 1 帧。为此，在 action 图层的第 1 帧写入代码：

```
stop();
```

Stop 命令表示时间线停止在其所在的帧，在本例中，循环将会停止，第 1 帧显示的是 home 模组的内容。

下面重点解决 3 个模块内容对按钮的相应。

针对按钮编程有两种方式：第一种在按钮实例上编程，方便，但不容易维护代码；第二种统一在 action 图层的第 1 帧编程，利用实例名称来进行控制，虽然代码繁琐一些，但维护方便。下面分别介绍两种方法，笔者推荐第二种方法。

（1）依附于按钮实例编程。为了方便看到效果，先选中 about 按钮，F9 调出与此按钮相关的动作面板，写入以下代码（注意，类似于 on 的固定用法要区分大小写）：

```
on(release) {
 gotoAndStop(10);
}
```

也可以在动作面板的左侧语法树中依次找到“全局函数 \ 影片剪辑控制 \on”部分来完成编写。gotoAndStop 命令的涵义即“到某一帧停止”，参数“10”为帧数。

同理，home 按钮的程序代码为：

```
on(release) {
 gotoAndStop(1);
}
```

contact 按钮的程序代码为：

```
on(release) {
 gotoAndStop(20);
}
```

预览文件。经过相关代码的编写，已基本完成用户对相关内容模块的控制。

（2）通过实例名称控制按钮。下面进一步研究代码对按钮的控制，介绍一种相对规范的编程方法。编写之前，需要将先前在按钮上编写的 3 组 on 控制语句删除掉。本例讲解在 action 图层第 1 帧编程的方法，也就是在 stop 语句后面继续丰富代码。

为了让代码可以找到每一个按钮，需要对每个按钮命名。依次选择按钮，在属性面板“< 示例名称 >”文本框中将各按钮分别命名为：b_home、b_about 和 b_contact。

在 action 图层第 1 帧丰富代码如下：

```
b_home.onRelease = function(){
 gotoAndStop(1);
 }
b_about.onRelease = function(){
 gotoAndStop(10);
 }
b_contact.onRelease = function(){
 gotoAndStop(20);
 }
```

除了利用帧数进行定位，还可以为每一帧命名。一般在 action 图层下方都要设立一个名为 label 的图层，专门为相关帧命名。分别在该层第 10 帧和第 20 帧设立关键帧，然后分别选择第 1 帧、第 10 帧和第 20 帧，在属性面板的“< 帧标签 >”中将 3 个帧分别命名为“l_home”、“l_about”和“l_contact”，可以看到这 3 个关键帧都会被标记小红旗。有了帧标签，以上示例程序中的帧序号就可以更换为帧标签了，代码如下：

```
b_home.onRelease = function(){
 gotoAndStop("l_home");
 }
b_about.onRelease = function(){
 gotoAndStop("l_about");
 }
b_contact.onRelease = function(){
 gotoAndStop("l_contact");
 }
```

到此，这个示例网站结构就设计完毕了。在整个设计和编程过程中，要仔细体会 Flash 结构网页中的非线性内容调用方法。

图 7.10 为本例完整的时间线结构。

图 7.10

7.1.2 内容模块深入设计

在前面的例子中，点击每个按钮，画面虽然立即响应，但显示的内容仍然是静态形式，同时也无特别的意义，并没有充分利用 Flash 的动画效果以及内容组织功能。在平时的设计中，可以酌情对页面中的相关模块进行时间线上的效果设定，比如淡入淡出效果等。为了做到这一点，需要将每个页面中的展示内容整合成一个元件，在这个元件中再继续设定子元件以形成互不干扰的动画效果。

在设计之前，可以先行删除掉 content01 元件中的原有文字。

<实例练习：内容模块深入设计>

本实例以 7.1.1 基本结构网站文件为基础继续设计。

选择 content 层的第 1 帧，将内容文字转化为影片剪辑元件，命名为 content01。双击该元件，进入元件内部，就可以相应的扩展此元件的内容，依次放在不同的层中。本例仅以标题、装饰线、标题图片、正文和一个“更多内容”按钮四种内容为例进行 Flash 效果的扩展设计，效果选择“淡入舞台”以及“垂直唯一变化”两种。

（1）标题。在 content01 元件中新建图层，命名为 title。利用文字工具创建标题，内容为 HOME。将这个文字模块转化为影片剪辑元件，命名为 hometitle。在这个图层上创建运动补间，并在第 5 帧、第 40 帧上添加关键帧，设定第 1 帧透明度为 0%，第 5 帧和第 40 帧为 100%。还可以设定垂直移动距离，可以将第 1 帧的位置稍稍向上微调，比如用向上方向键移动该元件 5 次。

（2）装饰线。在标题的右侧设计装饰线以分隔标题和内容。

在 content01 元件中继续创建名为 line 的图层，利用线条工具设计出高度合适的线条，转化为影片剪辑元件，命名为 line。在这个图层的时间轴上，要让线条迟些进入，比如可以延迟 5 帧的时间，在第 5 帧、第 10 帧和第 40 帧分别插入关键帧，并调整好透明度，创建淡入效果补间动画。这里可以参考前面章节中提到的桥式透明度设定法。删除第 1 帧内容，将其转变为空白关键帧。

（3）标题图片。为了营造图文并茂的效果，可以导入一张图片放置在新的图层中。

在 content01 元件中继续创建名为 pic 的图层，导入图片，并转化为影片剪辑元件，命名为 pic。利用和标题与装饰线相似的方法做出淡入动画效果并依旧顺延 5 帧的时间进入画布。

（4）内容文字。在 content01 元件中继续创建名为 content 的图层，并将文字范围调整合适，转化为名为"content"的影片剪辑，在第 20 帧、第 25 帧和第 40 帧上设定好相应的透明度，并形成补间动画。

（5）按钮。最后，在页面的右侧添加名为 btn_more 的按钮，按钮文字内容可以设定为"more>"。在画布中将按钮的实例名称改为 btn_more。按钮的相关制作方法可以参照上一节。

在所有图层的最上方建立名为 action 的图层，并在第 40 帧插入关键帧，利用 F9 键调出动作面板，添加如下停止命令脚本：

```
stop();
```

针对 btn_more 按钮，还可以添加如下代码，以将其连接到外部的网站（如编者博客），代码如下：

```
btn_more.onRelease = function(){
  getURL("http://blog.sina.com.cn/vgdesign");
 }
```

本实例中利用了链接外部网站的 getURL 内置方法。URL 即统一资源定位符（Uniform Resource Locator）的英文首字母缩写，就是常说的网址。getURL 方法一般来说有 3 个参数，一般形式为：

```
getURL("url","window","variables");
```

除了网址字符串 url，常用的还有一个"目标"选项（window）。这与静态网页设计中的 target 属性是相同的，常用的几个数值如下：

- _self: 在当前的浏览器打开网页。
- _blank: 在新的浏览器窗口中打开网页。
- _parent: 在当前位置的上一级浏览器窗口打开网页。

第三个参数是 Variable 参数，规定了参数的传输方式。默认值为 Don't Send，也就是不与服务器产生数据交换行为。如果要将相关内容提交给服务器，就要选 Send Using GET 或者 Send Using POST。GET 和 POST 分别代表了从服务器读取数据和将数据提交给服务器的行为。

回到本例，按钮图层存在着 3 个关键帧，因此要注意各关键帧的按钮实例命名情况。针对本例实际，应当至少为第一个关键帧的按钮实例命名，脚本才会生效。当然，对所有关键帧的按钮实例都统一命名也是可行的。

图 7.11 为 content01 元件内部结构示意图，btn_more 图层的第 20 帧为必须赋予按钮实例名称的位置（第 1 帧）。

预览影片。如有不合适的地方，可以针对相关元件微调。注意，如果要调整某个元件的位置，一定要注意到元件所在的所有关键帧。

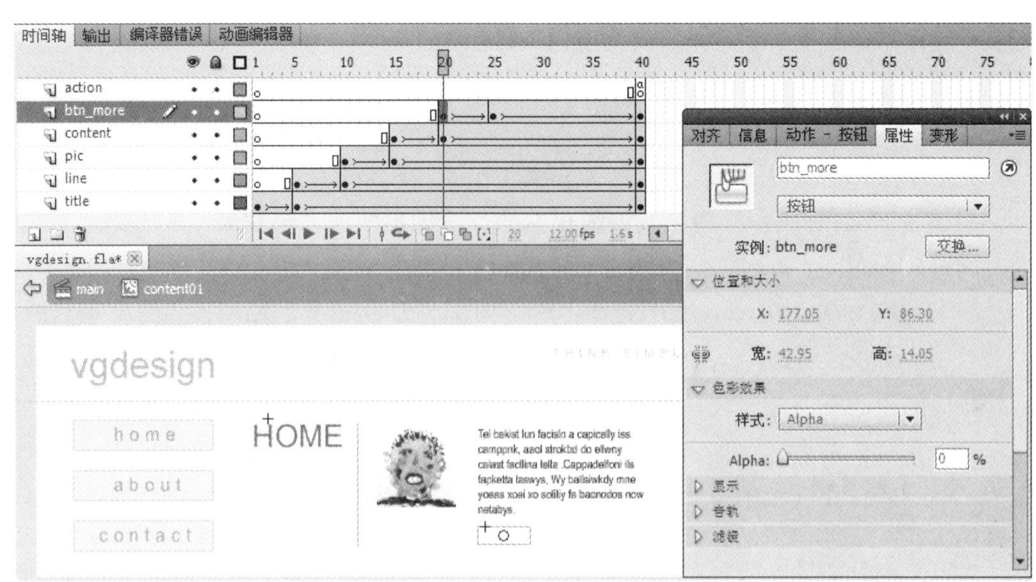

图 7.11

利用相关方法，可以继续丰富其他两个页面的内容。本例采用传统补间的制作方法。如果采用新版本的运动补间，基本原理相同，只需更改相应操作命令即可。

7.1.3 常用页面元素设计

本小节介绍几种常见的网页模块结构，为整体的 Flash 网站添加更多的内容展示形式。

1. 导航菜单

图 7.12

图 7.12 为几种菜单效果实例（网络资源）。

动感十足的导航菜单是体现 Flash 视觉特色的典型元素之一。一般来说，菜单就是一组按钮，每个按钮都有着自身的鼠标响应方式与效果，所有按钮的运动效果基本相同。从这个角度来说，菜单设计可以简化为特色按钮设计，并在设计的最后为每个按钮赋予不同的链接指向。

下面以一虚拟天气网站的菜单设计为例讲解。

< 实例练习：虚拟天气网站菜单设计 >

首先建立宽 550px、高 200px 的文档，然后置入一张处理完毕的等大背景图像，并新建图层，放上网站标题，完成菜单以外元素的基本设计。

新建图层 menu，设计宽 180px、高 40px 的按钮轮廓，将其转化为按钮元件 btn_home。在 btn_home 按钮中放置文字 home，并复制两个按钮，分别命名为 btn_fore 和 btn_tv，按钮文字内容 Forecasts 和 On TV。将三个按钮元件分别拖拽到画布上，将 3 个实例排列好，并命名为与元件同名，即 btn_home、btn_fore 和 btn_tv。

图 7.13 为菜单设计基本布局样式。

下面着重针对 btn_fore 按钮进行深度效果设计，其他两个按钮的方法相似，可以参考。

图 7.13

菜单效果设计主要针对第 2 帧“指针经过”帧进行设计。由于按钮也有自身独立的图层结构，可以新建图层，在第 2 帧创建关键帧，并导入独立的影片剪辑元件（包含着鼠标经过的效果）。如此，就可在鼠标经过按钮区域的时候显示这个影片效果。同时，这个影片效果本身也是影片剪辑，有着自身的图层和时间线结构，设计空间非常充分，为精致绚丽的视觉设计创造了可能。

双击 btn_fore 按钮元件，进入按钮内部结构。将默认图层改名为 basic，分别在第 2 帧、第 3 帧建立关键帧，然后修改第 2 帧的背景颜色和字体颜色，完成基本效果的转变。

这里重点说明第 4 帧。由于在这个例子中使用了超过按钮矩形范围的下雨动画，那么鼠标停留在矩形范围外面的“雨滴”上面也可以触发按钮动画。如果要避免这种情况，可以在名为“点击”的第 4 帧拷贝一个与第 1 帧等大、同位置的矩形（利用【Ctrl+C】、【Ctrl+Shift+V】组合实现），以此来设定前三项效果的感应区域。“点击”帧确定的范围在镂空线条按钮中也很有用，避免了鼠标点击图案空隙无法完成触发的“错误”（没有打散的汉字默认将触发范围扩展到所在的矩形范围内，因此不必一定使用“点击”范围设定）。

在 btn_fore 按钮元件中继续新建图层，命名为 rain。在第 2 帧插入空白关键帧。接下来需要设计一个下雨动画，封装成名为 rain 的元件，放置在第 2 帧播放，具体过程略。

图 7.14 为 btn_fore 内部帧结构与鼠标响应效果（本图例“点击”帧未设定范围）。

图 7.14

很多时候，大型网站（特别是商业网站）往往不需要过于花哨的设计，低调的运动变化往往更加符合网站的整体特质。比如，可以利用色块的一些基本的运动变化赋予菜单含蓄的视觉特色。下面以一个利用按钮背景变化的效果为例进一步讲解按钮实例“指针经过”帧与元件嵌套的关系。

< 实例练习：运动矩形按钮设计 >

首先建立一个按钮实例，宽 150px，高 30px；X50，Y80；命名为 btn_sample。为了显示图形位移的变化，可以将填充色更改为线性填充，利用“渐变变形工具”将线性填充的方向改为纵向的变化。

现在进入按钮实例 btn_sample 内部，在“指针经过”帧（第 2 帧）插入关键帧，在“按下”帧（第 3 帧）插入帧。将此默认图层改名为 bg（或 background）。字体和字体所在层可以稍后增加。

进入到按钮实例内部，图形已经不再是元件（实例）状态，而是普通矢量图形状态。但是由于我们需要在此帧引用一个封装好的动画，因此有必要再次转化元件。在第 2 帧选择所有图形，将其转化为影片剪辑元件，命名为 animation。

继续进入到影片剪辑 animation 实例内部，图形仍然只是普通矢量图形状态。由于需要创建图形移动的动画，因此有必要第三次将这个矢量图形转化元件（影片剪辑），命名为 element。

以上 3 次连续的转化元件需要特别注意，要清楚每次转化元件的目的和必要性。

经过以上操作，剩下的工作就是利用 animation 影片剪辑内部的图层和时间线结构实现 element 实例的相关运动。本例实现的是 element 实例向下运动等同于其高度的距离（element1 图层内容），同时复制一个 element 实例，紧贴前面的 element 实例上方从上而下运动（element2 图层内容）。为了保持按钮的边缘，还需要对每个运动应用遮罩（mask1 和 mask2 图层），遮罩的位置和第一个 element 运动初始位置相同，大小相同。

可以根据前面所学应用一些小技巧，提高设计效率。比如第一个 element 运动的初始位置就是第二个 element 运动的末尾位置。因此，在 element1 图层的基础上可以通过复制完成 element2 图层的运动图形。注意，只有【Ctrl+Shift+V】快捷键才可以保证复制后的图形与原图形位置相同。遮罩图形也需要这个快捷键来实现。

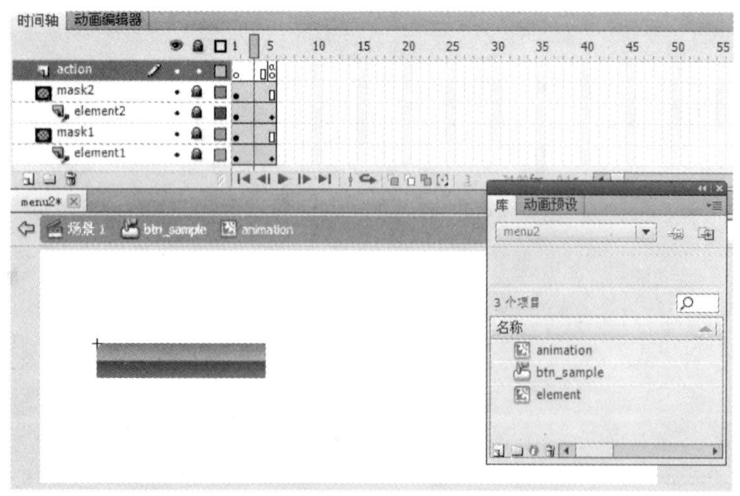

图 7.15

由于动画仍然存在超出基本按钮矩形之外的部分，因此有必要在按钮的第 4 帧，也就是“点击”帧放置大小与位置合适的等大矩形以限定范围。

最后，在 animation 影片剪辑的最顶层的最末一帧编写脚本，暂停动画：

```
stop();
```

图 7.15 为 animation 影片剪辑图层结构以及库面板内容

总的来说，菜单由一系列单独的按钮组成。单个按钮的微妙变化放置在菜单序列中，可以收获全新的视觉体验。

当按钮设计完毕，接下来需要确定按钮的动作目标是什么。一般来说，点击按钮，可以带动此 SWF 文件中相关元件的变化，这就涉及场景变换的问题；或者带动其他 SWF 文件的加载和变换，这是 SWF 文件调用的问题；最后还可以链接到外部网站。

2. 弹出框

本小节探讨的弹出框设计分为基本设计和淡入淡出两种方式。

弹出框基本设计利用元件的位移，也就是横（纵）坐标的改变来实现。

Flash 中每个实例都具备 x、y 两种坐标属性，语句表达形式为

```
myObject._x
myObject._y
```

利用这两种坐标属性，结合按钮触发，可以将一个实例由画布外转移至画布内，以模拟弹出框内容更的出现。基本语句如下：

```
myButton.onRelease = function(){
    myObject._x = X;
    myObjcct._y = Y;
}
```

X、Y 坐标一般只需选择一种即可。

< 实例练习：弹出框基本设计 >

下面以一个实例来说明普通方式弹出框的制作原理。

首先建立 550px 宽，200px 高的画布，在主场景设置如下图层，并在第 1 帧放置相应的对象（如无特别说明，单位均为 px）。

（1）bg 图层：放置装饰性的背景色块，X0，Y150；宽 550，高 50；颜色可选用较浅的灰色。

（2）btn 图层：放置按钮实例，实例名为 btn_popup；X100，Y150；宽 150，高 35；内可放置“more>”等字样。

（3）mc 图层：放置需要弹出的内容，可整合在一个实例当中，名为 mc_popup；X100，Y30；宽 300，高 120；内可放置红色背景（bg 图层）、“INFORMATION HERE”字样或其它内容（txt 图层）。在 mc_popup 实例内部的图层中，放置一起到关闭功能的按钮，实例名为 btn_close（btn_close 图层），位置可放置在 mc_popup 实例的右上角。

图 7.16 为弹出框基本设计界面。

图 7.17 为弹出框显示后的样式。

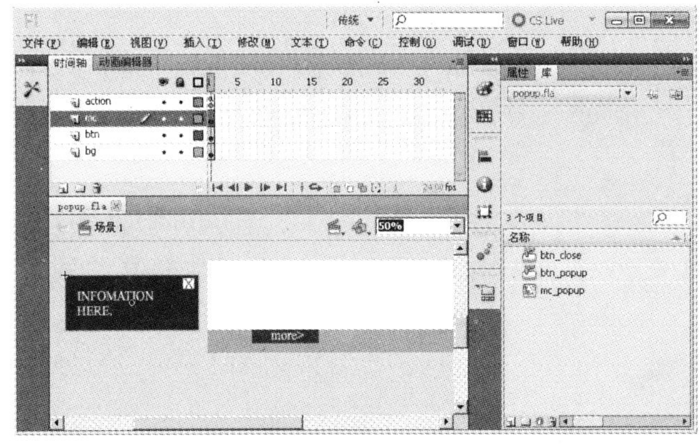

图 7.16

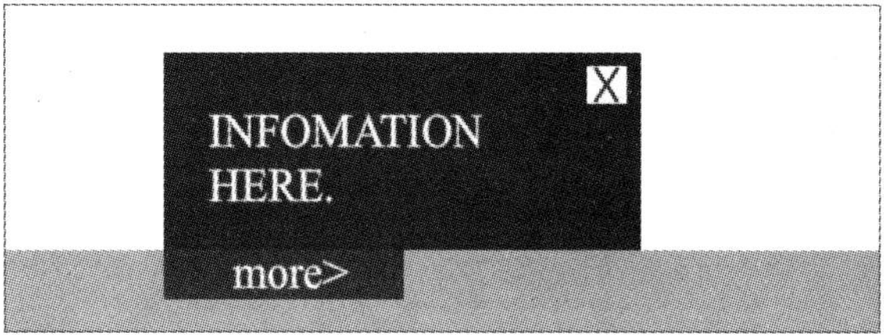

图 7.17

为了编程的数据需要，首先记下弹出框（也就是 mc_popup 实例）此时的 X 坐标，然后水平将其完全移出画布，记下移除后的 X 坐标（Y 坐标改变与否不影响效果），数值如下：

画布内 mc_popup X 坐标：X100 ；

画布外 mc_popup X 坐标：X-320。

在网页被预览的时候，mc_popup 位于画布外，当点击 btn_popup 按钮的时候，mc_popup 的横坐标改变为画布内的坐标，就模拟实现了弹出框的效果。

在主场景下新建 action 图层，在第 1 帧编写如下程序：

```
btn_popup.onRelease = function(){
    mc_popup._x = 100;
}
```

点击 mc_popup 中的按钮 btn_close，应实现关闭弹出框的模拟效果，也就是将弹出框实例的横坐标改变到画布外的状态（-320）。这里面要考虑到 btn_close 所在的位置，它并不在主场景根位置下，而是位于 mc_popup 实例中，需要路径指引。编程如下：

```
mc_popup.btn_close.onRelease = function(){
    mc_popup._x = -320;
}
```

< 实例练习："扔砖块儿" 练习 >

在将弹出框深入设计，也就是实现淡入淡出效果之前，先做一个"扔砖块儿"的小练习，以体会元件自身时间线的播放与程序控制之间的关系，这对于弹出框的深入设计很有帮助。

"扔砖块儿"小练习实现如下效果：点击画布中的按钮，将停留在画布中的一个"砖块儿"实例"扔"出画布外。这个实例包括两个方面的内容。一是砖块儿本身要有自己的从画面内部到外部的飞行轨迹，并且在页面调用的初期是静止在初始位置的；其二是按钮的点击要激活砖块儿的飞行动作。关键点就是如何在按钮被点击时解除代码对砖块儿运动的约束。

建立宽 400px、高 300px 的画布，分别在相应图层中设计名为 btn_reng 和 brick 的按钮以及影片剪辑实例。为 brick 实例设定 10 帧的运动补间动画，使其由画布中央飞到画布外。按钮 btn_reng 的帧延续至第 10 帧。

新建 action 图层，在第 1 帧编程如下，使砖块儿先停止在画布中：

```
stop();
```

然后针对按钮编程，接触 stop 方法对运动补间的控制。

```
btn_reng.onRelease = function(){
    gotoAndPlay(2);
}
```

和以前学过的 gotoAndStop 相似，gotoAndPlay 方法可以将播放帧移动到特定位置并继续播放，stop 方法此时已经被跳过，也就是被解除。

图 7.18 为"扔砖块儿"小例子的图层及画面示例。

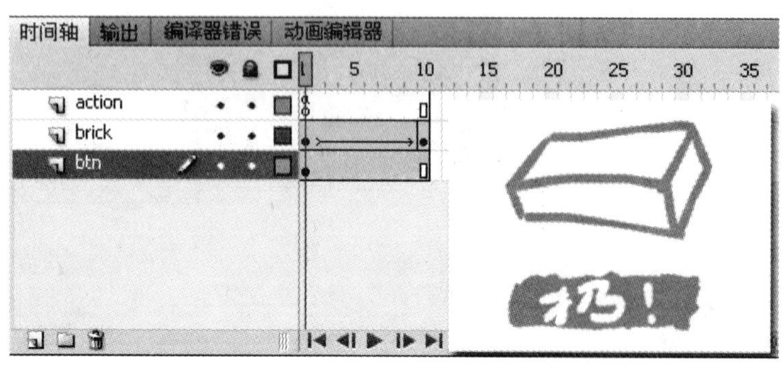

图 7.18

< 实例练习：弹出框淡入淡出设计 >

弹出框淡入淡出效果设计同样围绕着淡入淡出透明度补间和按钮控制两个方面来实现。下面在普通样式的弹出框示例的基础上，继续对 mc_popup 进行深入设计。

由于弹出框最初是从完全透明（即 Alpha 值为 0）开始变化的，因此不必将弹出框放置在文件外了，也就是说，不必利用横坐标的变化来控制。在属性面板中，将弹出框调整为 X100，Y30，使其固定在画布内。

进入 mc_popup 元件内部，对 bg、txt 图层中的元素分别转化为影片剪辑元件，命名为 bg_mcpopup 和 txt_mcpupup，为透明度的渐变（alpha）做准备。在每个图层的第 5 帧、第 10 帧分别创建关键帧，并在属性面板中将第 1 帧和第 10 帧的 Alpha 透明度分别调整为 0，创建运动补间，实现三个图层同步由完全透明到完全显现再到完全透明的两个阶段的变化。也就是说，mc_popup 元件响应鼠标而形成的渐显和渐隐分别对应这两段运动。结合"扔砖块儿"练习中的按钮与运动的对应关系，就可以实现本次设计目的。

在 action 图层（注意，目前在 mc_popup 元件内）的第 5 帧和第 10 帧分别插入空白关键帧，写入代码：

```
stop();
```

回到主场景（注意，已经离开 mc_popup 元件），将 action 图层的第 1 帧代码改为：

```
stop();
btn_popup.onRelease = function(){
  gotoAndPlay(2);
}
mc_popup.btn_close.onRelease = function(){
  gotoAndPlay(11);
}
```

图 7.19 为主场景下文件结构示意图（附程序）。

图 7.20 为 mc_popup 元件结构图。

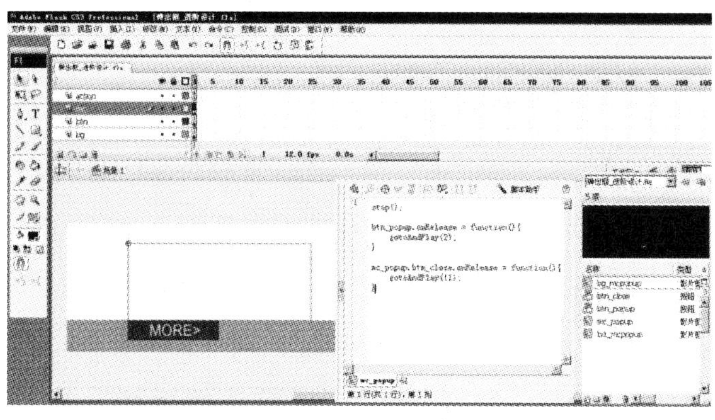

图 7.19

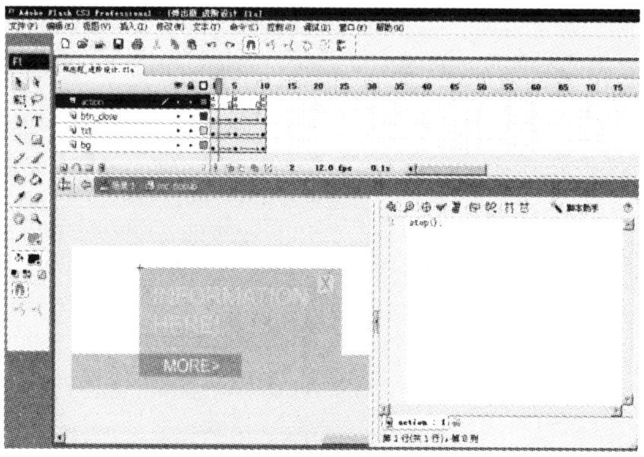

图 7.20

预览影片，点击相关按钮，体会按钮控制与时间线播放顺序的关系。在后面的例子中还将继续讲述利用 prevFrame 函数逆向播放时间轴的方法，也可以将其应用到这个实例中。

3. 滚动条

Flash 网站侧重于个性、艺术性和视觉冲击力，门户信息量特征相对较弱。这种特性决定了 Flash 网页的幅面基本控制在网页不滚屏的面积之内，比如适应 1024px × 769px 屏幕的 990px × 550px 幅面。如果网站的某个栏目需要很长的滚屏量，可以使用滚动条设计进行内容封装与设计。

<实例练习：滚动条设计>

滚动条模块主要包括三方面内容：主内容、滑块和遮罩。将前两者设置为影片剪辑元件（实例）并分别命名为 content 和 dragger，将遮罩层放置在 content 图层的上方。content 元件中可以放置图片或文字，一定要超过遮罩层的面积。相关数值如下：

content 实例：x150，y50，宽 200px，高 550px；

dragger 实例：x350，y50，宽 30px，高 50px；

dragarea 实例：x350，y50，宽 30px，高 300px；

遮罩（mask）：x150，y50，宽 200，高 300。

图 7.21 为滚动条制作文件的编程前设计准备。

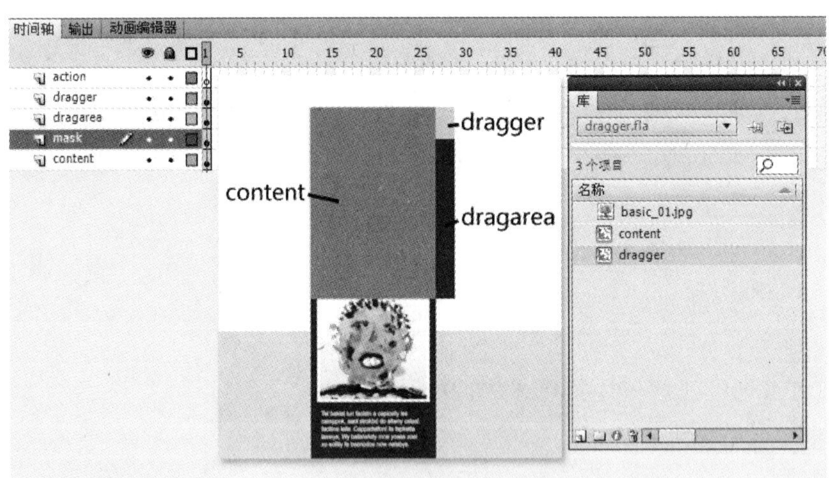

图 7.21

下面着手编程。首先实现 dragger 实例在一定范围内的拖动效果，代码如下：

```
dragger.onMouseDown = function() {
        dragger.startDrag(0, 350, 50, 350, 300);
        }
dragger.onMouseUp = function() {
        dragger.stopDrag();
        }
```

代码中涉及到了 startDrag 函数，其用法如下：

```
startDrag(lock,X1,Y1,X2,Y2);
```

lock 为一个布尔值，即包含真假两个值。为真时（可设定值为 1），指定拖动时鼠标是否锁定到 dragger 影片剪辑的特定位置；为假时（可设定值为 0），不做锁定限制，鼠标运动相对比较自由。一般情况下，选取 0 即可，这样鼠标和滑块儿的交互关系比较自然。

后四个数值分别为滑块两个极端位置的 X、Y 坐标，确定了一个约束滑块 dragger

的矩形范围。两个极端位置的横纵坐标的取值点依然为 dragger 实例的左上角点。

接下来确定每次滑块运动之后主内容影片剪辑 content 的相应运动，可以分别考察两者的 y 坐标并确定关联。onEnterFrame 函数以时间线的帧间隔（1/ 帧频）不断地判断着这种关联，代码为：

```
this.onEnterFrame = function(){}
```

一般而言，帧间隔都会快到肉眼无法准确分辨，因此可以将 onEnterFrame 看成一种不断执行的函数。

与 onEnterFrame 相对应的内定函数为 onLoad，即动画被载入时执行相关动作，这个函数对于每次动画播放而言只执行 1 次。

下面重点看 onEnterFrame 引发的函数内容，也就是 dragger 和 content 的运动关系。为了找到两者的运动关联，可以利用一个过程系数 a 将其连接起来。我们知道，dragger 向下运动到底，content 也向上运动到底。因此，任意指定一个时间点，二者完成的比率是相同的，这个比率就是系数 a。根据两者的初始位置和运动距离，可以得出以下两个公式：

dragger._y = dragger 初始 y 值 +dragger 运动距离 a

content._y = content 初始 y 值 −content 运动距离 a

也就是：

dragger._y = 50 + 250a

content._y = 50 − 250a

利用 a 将二者关联起来，可以得出以下公式：

content._y = −dragger._y + 100

这就是 onEnterFrame 函数的触发内容，把它置入函数，为：

```
this.onEnterFrame = function(){
 content._y = -dragger._y + 100;
}
```

预览影片，体会 dragger 和 content 的相互运动关系。

在实际的设计项目中，可以继续丰富 content 元件的内容与效果。这种首先确定结构，然后丰富内容的学习步骤非常典型，避免在细节上浪费过多的时间。

将滚动条模块和弹出框结合起来，可以方便的展示特定模块内容。

4. 音效控制

如果为网站设定了背景音乐，可以利用音效控制将背景音乐的播放或暂停。为了循序渐进地学习，先来了解没有淡入淡出效果的基本音效控制。

< 实例练习：音效基本控制 >

首先设计 soundcontrol 元件，里面包含了两个帧的状态，分别有着 off 和 on 的提示，并各自带有一个按钮，命名为 btn_off 和 btn_on（因为两个按钮没有各自的文字内容，外观相同，可以分别使用名为 btn_music 按钮元件的两个实例创建）。每个帧的脚本都要利用 stop 语句强制停止，并为每个按钮分别赋予脚本（注意，建议将按钮相关的代码与 stop 语句一起集中写在 soundcontrol 元件 action 图层的两帧上）。

第 1 帧脚本：

```
stop();
```

```
btn_off.onRelease = function() {
 gotoAndPlay(2);
 _root.soundstatus="off";
}
```

这段脚本实现了如下动作：在按钮 btn_off 被点击的时候，由按钮所在的帧跳转到第 2 帧（on 帧），同时为一个变量 _root.soundstatus 赋予 off 值。Flash 动画会这个值来判断如何处理声音，这个稍后讲述。

第 2 帧脚本：

```
stop();
btn_on.onRelease = function() {
 gotoAndPlay(1);
 _root.soundstatus="on";
}
```

此外，还要在其他层创建诸如 Sound 和 | 符号等装饰性元素。

由于 soundcontrol 元件不面向具体的音乐，只是对主场景下音乐进行控制，因此具有很强的重用性，可以方便地转移到其他文件中。鉴于此，以上脚本不建议编写在主场景 action 图层，以免转移时丢失代码。

图 7.22 为 soundcontrol 元件图层结构。

图 7.23 为 soundcontrol 实例外观样式。

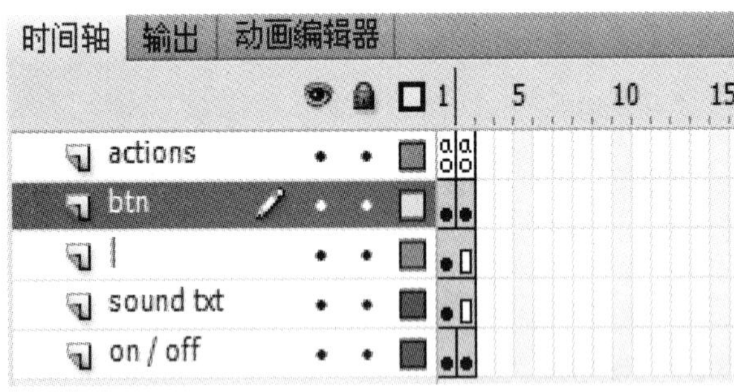

图 7.22

图 7.23

回到主场景，将 soundcontrol 元件拖曳进来形成实例，命名为 soundcontrol，并将其所在图层命名为 control。新建图层 music，导入名为 F1 的音效文件。在属性面板的声音模块中，要把同步下拉菜单选择为“事件”，而不是“数据流”，这样音乐可以持续播放，哪怕只是在一帧中调用它。

新建 action 图层，编写脚本，为 soundcontrol 实例和音乐建立联系，代码如下：

```
onLoad = function() {
    _root.soundstatus="on";
    mySound = new Sound();
    maxvolume=100;
}
onEnterFrame = function() {
 if(_root.soundstatus=="on") {maxvolume=100;}
 if(_root.soundstatus=="off") {maxvolume=0;}
```

```
    mySound.setVolume(maxvolume);
}
```

图 7.24 为音效基本控制练习文件主场景时间线、图层及库面板内容。

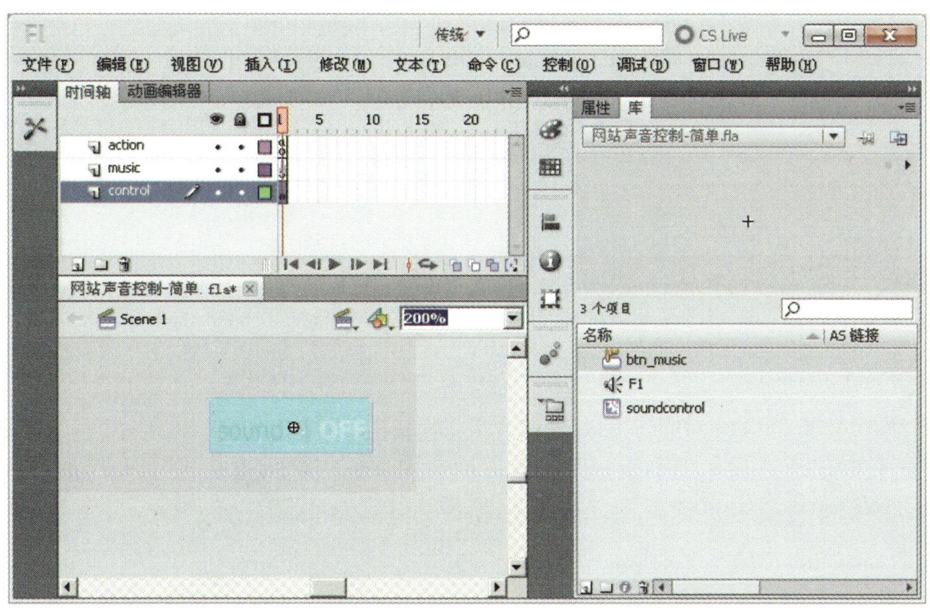

图 7.24

（1）onLoad 函数在 Flash 动画被调用时执行，其内容为：

● 为变量 _root.soundstatus 赋初始值 on。注意，这里的 on 并不是程序内置的值，而是一个自定义的字符串，本身不代表任何含义。但从字面上理解，可以判断影片加载的时候，音乐是打开的。

● 建立名为 mySound 的声音对象。ActionScript 是面向对象编程的语言，有很多对象类型，Sound 就是一种。这里的 Sound 不再是自定义的字符串，而是 ActionScript 可以识别的特殊字符（保留字），不能随意更改。每种类型的对象有着自己独特的属性和方法，这会为编程带来方便，相当于把特定语句封装起来直接使用。以 Sound 对象为例，稍后会用到 setVolume 方法，也就是调节音量。为了更好地使用不同的声音对象，可以创建不同的变量名，比如 mySound。

● 建立名为 maxvolume 的变量，赋值 100。

（2）onEnterFrame 函数的内容为：

● 判断 soundstatus 变量的值，针对其"on"、"off"的值分别赋予变量 maxvolume 值 100 和 0。也就是说，100 代表音量最大，0 代表静音，了解这种音量值的定义，有利于后续淡入淡出效果的设计。

● 为 mySound 声音对象变量赋予音量数值。

通过对程序的分析，可以推断，声音开与关取决于条件语句中 soundstatus 的值，而这个值在 soundcontrol 元件中由两个按钮的交替点击而取得新的值，也就实现了由按钮控制音量的过程。

<实例练习：音效淡入淡出控制>

下面在音效基本控制文件的基础上进一步探讨声音淡入淡出效果，只需将 onEnterFrame 函数内容修改如下：

```
onEnterFrame = function(){
    if(_root.soundstatus=="on") {step=5}
    if(_root.soundstatus=="off") {step=-5}
    maxvolume+=step;
    if (maxvolume>100) {maxvolume=100;}
    if (maxvolume<0) {maxvolume=0;}
    mySound.setVolume(maxvolume);
}
```

代码中引入了一个变量 step，也就是每次递减的音量值。按照帧频，onEnterFrame 会不断的判断 step 的数值改变，同时不断的修改 maxvolume 的数值。

```
maxvolume+=step;
```

相当于：

```
maxvolume=maxvolume+step;
```

这种赋值方式显示出了变量的特点。由右向左的变量赋值方式可以在同一行语句中将左侧的变量值不断改变。if (maxvolume>100) {maxvolume=100;}

```
if (maxvolume<0) {maxvolume=0;}
```

以上两句相当于过滤器的作用，使得音量数值永远保持在 0 和 100 之间。

针对关于音效控制的程序，需要强调两个方面：

（1）不断触发的 onEnterFrame 函数是本程序的内在动力，而 onLoad 函数只在影片播放的开始被调用一次，不会重复调用。如果在影片剪辑上附加代码，两个函数统一成 onClipEvent 事件，写作：

```
onClipEvent (load) {}
onClipEvent (enterFrame) {}
```

（2）由于 soundstatus 变量存在于不同级别的场景与实例内部，因此一定要用 _root 将其唯一定义。如果不加 _root 约束，两个级别中的 soundstatus 将不再是同一个变量，也就无法完成传递 off 和 on 状态的功能。

以上内容讲述了 Flash 网页可能涉及的部分模块设计。在实践中，要进一步强化视觉设计、功能整合等方面的技能。Flash 网站说到底还是针对内容的设计，形式需要为内容服务，而如何安排好内容就成了最重要的问题。

7.2 场景转换

7.2.1 SWF 文件内场景转换

在本章的开始利用帧定位的方法实现了按钮和帧内容的对应，实现了多页结构。本节尝试更多的网页页面场景转换，以丰富 Flash 网页设计的建构手段。

和静态网页设计方法相比，Flash 并没有明确的页面区分，只要按钮和内容协调配合，就可以实现网站内容的正确展示；如果加上 ActionScript 脚本的驱动，还可以实现更多的交互功能。如果因多人合作等原因必须分割 swf 文件，则可以使用 swf 文件调用的方法，涉及 loadMovie 等函数。

下面分别讲述。

图 7.25 为利用影片剪辑导航的三帧主内容窗口（相关图片转自网络）。

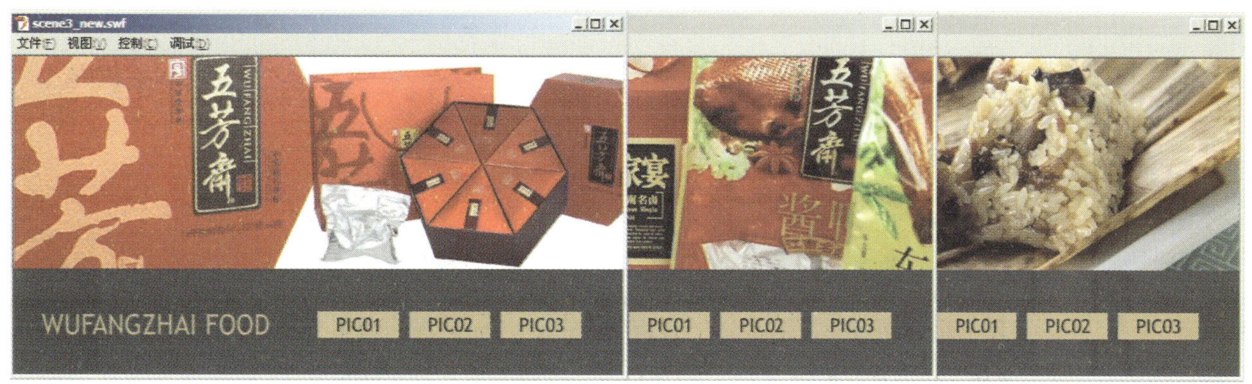

图 7.25

本例利用 3 个影片剪辑模拟按钮的作用，鼠标滑过时，其 onRollOver 事件触发函数，使主内容影片剪辑 slide 的位移改变，显示相应内容。这个场景转换结构与很多网站首页的新闻图片转换模块很相似。

建立文件，命名为 scene.fla，宽 600px，高 300px。主场景下设置如下图层：

（1）title 层：属于装饰性图层，可以放置网站标题等内容，本例设置文字为“WUFANGZHAI FOOD”。

（2）mc 层：本例并未使用按钮元件，而是用影片剪辑元件代替按钮实现相关鼠标响应。可以首先建立一个影片剪辑，在内部时间线中分别建立背景层（bg）和文字层（txt），文字为“PIC01”。在库面板中直接复制这个元件两次，分别更改其中 txt 图层的文字为“PIC02、PIC03”即可。将 3 个影片剪辑分别放置在主场景的右下角相应位置均匀排列，实例名称分别为 mc1、mc2 和 mc3。

（3）slide 层：放置一 slide 影片剪辑实例，实例名为 slide。内含 3 幅图片，水平排列。

具体方法为：首先在 Photoshop 图片中处理 3 幅尺寸均为宽 600px、高 200px 的图片。分别存储为名为 pic_01.jpg、pic_02.jpg 和 pic_03.jpg。注意，在 Photoshop 存储的过程中，jpg 的质量选项建议选到最高，如 12，为 Flash 提供质量最高的图片，将压缩的任务交给 Flash，尽量避免多次压缩造成不必要的图片质量损失。

在 Flash 中导入 3 幅 jpg 图片到库中备用。

创建 slide 图层，将 pic_01 放入其中，同时转化为影片剪辑元件，实例名称为 slide。进入 slide 影片剪辑内部，命名唯一图层为 pic，分别放置 3 幅图片，使其水平排列，中间无缝隙。3 个图片的横坐标分别为 0、600、1200，纵坐标均为 0。回到主场景中，保证 slide 元件的横纵坐标都为 0。

注意，slide 元件的坐标和内部图片的坐标不是同一个，属于两个不同的层次。先导入图片再转化为元件的方法保证了元件内部坐标原点和图片的左上角点重合，slide 元件左上角点的坐标值才会直接反应图片组的位置，否则将会出现图片偏移的情况。

（4）action 层，开始编程。为实时反映鼠标变换对 slide 元件横坐标的影响，需要一个变量进行传递，为之命名为 target_pos。为了方便主场景和影片剪辑实例在不同层次上同时识别这个变量，需要利用 _root 定位将其统一起来。也就是说，如果不做这种统一，主场景和影片剪辑实例上出现的同名变量实际上是两个完全不同的变量，这样就无法传递数值了。

图 7.26 为示例图层结构、库面板及场景设计界面（位于画布中的图片将在影片播放时首先显示）。

图 7.26

在 action 图层的第 1 帧编写代码如下：

```
stop();
_root.target_pos = 0;
function slide_act() {
 slide._x = _root.target_pos;
}
onEnterFrame = function(){
 slide_act();
}
```

代码首先在根目录（_root）的位置定义了 target_pos 变量，并赋予初始值 0。这个初始值决定了首先显现的图片。由于在 slide_act 函数中，target_pos 首先赋给了 slide._x，因此 slide 的横坐标初始值为 0，即首先显示第 1 幅图片。

onEnterFrame 函数不断以帧频执行 slide_act 函数，也就是不断地考察 target_pos 的数值。这个数值会因为 3 个 mc 实例的鼠标交互行为而改变。为此继续增加代码如下：

```
mc1.onRollOver = function(){
    _root.target_pos = 0;
    }
mc2.onRollOver = function(){
    _root.target_pos = -600;
    }
mc3.onRollOver = function(){
    _root.target_pos = -1200;
    }
```

也就是说，鼠标每次滑过 mc1、mc2 和 mc3，主场景下 target_pos 数值就会做相应的改变，引发 slide 元件横坐标的变化。

为了考察 onEnterFrame 函数对 slide_act 函数不断的调用，可在 slide_act 函数中加入一行代码：

trace（“成功找到函数 !”）;

再次测试影片，输出面板就会不断出现“成功找到函数！”的字样，表明 onEnterFrame 函数是起作用的。

随着学习的深入，程序代码的行数也越来越多。在程序无法正常工作的情况下，往往不知道确切哪个地方出了问题。这就需要掌握一些简单的调试方法。前面提到的 trace 函数用来测试 Flash 影片的输出信息，比如某个变量的数值。非常适合检查程序运行的轨迹，为调试代码提供方便。

trace 函数的语法为：

trace（变量或其他信息）;

注意，如果输出的是一段编写者自行编写的字符串信息，比如一句提醒的话，那么字符串左右需要标记双引号。也可以将变量和字符串混合，比如：

trace（“My name is” + personName + “!”）;

上面的例子中，“My name is”和“！”这两组字符串是固定不变的信息，personName 变量中存储着姓名信息，trace 函数用 + 号自动将其连接起来。比如，某种情况下 personName 被赋值为“Tom”，那么 trace 函数将会输出“My name is Tom ！”。

调试代码的过程中可以不断更改 trace 函数的位置，以判断程序运行流程。

在发布设置中，由“省略 trace 语句”选项，可以避免 trace 的内容发布在最终的动画中。

将代码做相应的修改，加入位移与坐标混合运算的公式，就可以为场景转换添加弹性位移效果，完整代码如下：

```
stop();
target_pos = 0;
next_pos = 0;
ratio = 0.05;
friction =0.8;
function slide_act() {
    next_pos = ((target_pos-slide._x)*ratio)+(next_pos*friction);
    slide._x = slide._x+next_pos;
}
onEnterFrame = function(){
  slide_act();


mc1.onRollOver = function(){
  _root.target_pos = 0;
}
mc2.onRollOver = function(){
  _root.target_pos = -600;
}
```

```
mc3.onRollOver = function(){
  _root.target_pos = -1200;
}
```

以上代码在影片加载时定义了几个变量，分别为 target_pos（初始位置）、next_pos、ratio、friction 等，同时定义了一个 slide_act 函数，这个函数根据每次 target_pos 的变化实现了场景的弹性位移改变。

7.2.2 多 SWF 文件场景转换

Flash 文件还支持 SWF 文件的调用，这就进一步拓展了网站结构，为不同设计者的协作提供了可能。

本小节的实例实现了一个主 SWF 文件分别调用两个子 SWF 文件的功能，并附带一定的场景转换效果。为了避免文件路径丢失，建议将本小节的设计文件和素材文件放置在一个文件夹内。

图 7.27 为 SWF 文件调用结构示意。

图 7.27

图 7.28

< 实例练习：SWF 文件调用 >

首先建立两个被调用的文件，其设计风格相似，可以使用另存文件和交换位图等方法快速建立。以第一个为例，建立文件，命名为 swf_01.fla。尺寸为默认（宽 550px，高 400px），将相关图片和文字放置好。另存为新的 fla 文件，命名为 swf_02.fla。为了提供调用文件，需要针对这两个 fla 文件分别测试影片，同目录下就会出现 swf_01.swf 和 swf_02.swf 两个文件备用。

图 7.28 为 swf_01.fla 文件结构（swf_02.fla 结构相同）。

接下来创立执行调用命令的主文件，命

名为 index.fla，尺寸仍然保持默认（宽 550px，高 400px）。

主文件的设计内容分为三个部分。一是标题文字，由于有运动要求，因此要将其转化为影片剪辑元件；二是按钮，共有两个，与前面建立的两个 swf 文件在内容上一致；三是用来调用 swf 子文件的元件容器 holder。

创建标题：在名为 title 的图层上创建标题文字组合，位于画布上方，转化为影片剪辑元件。

创建按钮：分别建立 btn_01 和 btn_02 两个图层，每个图层用来容纳同名按钮实例。导入图片素材（两个方形 JPG 图片）入库，然后分别拖拽到画布中，转化为按钮元件，实例名称分别为 btn_01 和 btn_02。

创建 holder：新建图层命名为 holder，创建与画布同大图形，转化为元件，命名实例为 holder。

将初始位置的 holder 坐标定位为：X，-550；Y，0。调整后的 holder 位于画布外紧邻画布的位置，为下一步的运动做准备。

在所有图层最上方建立 action 图层，用于编写程序代码。

图 7.29 为 index.fla 文件结构。

为了设定过场动画，需要为以上建立的各个元素创建时间轴补间动画效果，时长为 10 帧。文字标题从当前位置移动到上方画布外（纵坐标约为 -70 左右），按钮从当前位置移动到画布外（纵坐标约为 400），而 holder 由画布左方进入画布（横纵坐标都设定为 0）。

图 7.29

在 action 的第 10 帧插入空白关键帧，用 stop 命令将动画停止。

在 action 图层的下方新建图层 btn_back，在第 10 帧插入空白关键帧，并放置一按钮，上有“<back”字样，实例名称为 btn_back，以返回首页。

图 7.30 为创建了补间动画的时间线以及画布截图（节选 3 帧）。

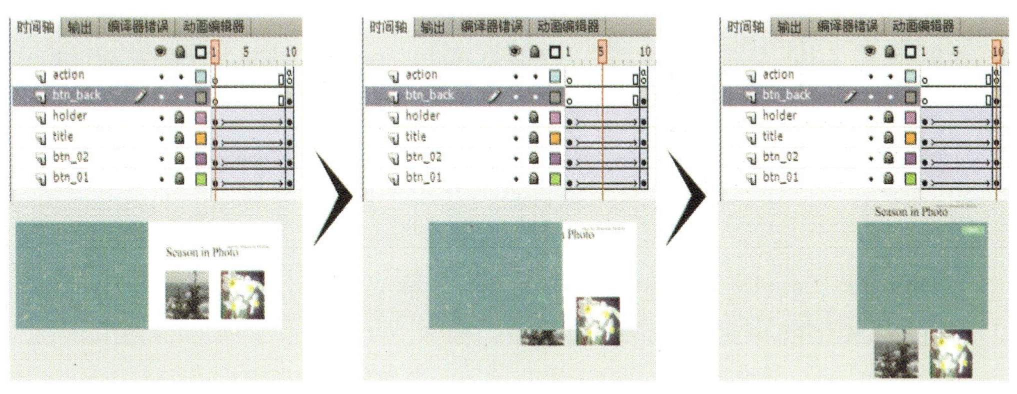

图 7.30

接下来，利用 loadMovie 和 unloadMovie 方法将两个 swf 文件根据点击按钮的不同分别调用至 holder 元件中。具体的说，点击 btn_01，holder 元件加载 swf_01.swf 文件，卸载 swf_02.swf 文件；点击 btn_02 则相反。程序初始时 holder 虽然并没有加载到 swf_02.swf，但为了后续行为的需要，这里预先写好很必要。将这组代码放置在 action 图层的第 1 帧，另外要使用 stop 语句将动画停留在第 1 帧的首页状态。代码为：

```
stop();
btn_01.onRelease = function(){
    holder.unloadMovie("swf_02.swf");
    holder.loadMovie("swf_01.swf");
    gotoAndPlay(2);
}
btn_02.onRelease = function(){
    holder.unloadMovie("swf_01.swf");
    holder.loadMovie("swf_02.swf");
    gotoAndPlay(2);
}
```

除了使用 gotoAndPlay 方法接触时间线的停止状态之外，编写以上代码还要注意 unloadMovie 和 loadMovie 的先后次序。

如果为点击 btn_back 按钮行为增加过场动画，有两种方法可以选择。

第一种：在第 11 帧开始增加反向运动的帧效果，也就是 11 ~ 20 帧的范围内使标题、按钮和 holder 元件反向运动至初始状态。可以在相关层的第 20 帧插入关键帧，调整好初始位置。

将 action 图层第 10 帧的代码改为：

```
stop();
btn_back.onRelease = function(){
 gotoAndPlay(11);
}
```

在 action 图层的第 20 帧写入代码：

```
gotoAndStop(1);
```

这样动画运动到最后一帧的时候就返回到第 1 帧，为下一次按钮点击做准备。

图 7.31 为 btn_back 按钮设定过程动画的时间轴结构图。

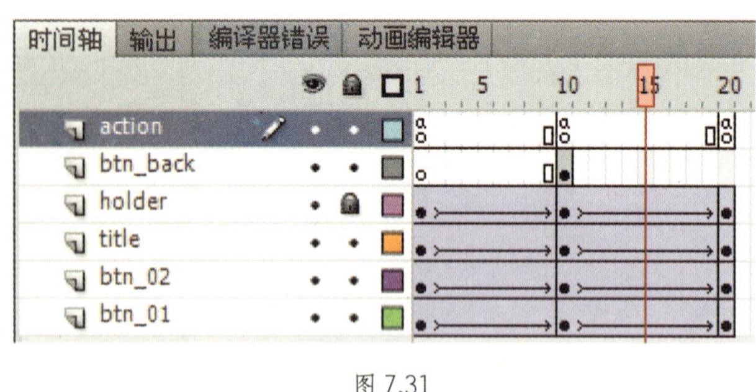

图 7.31

第二种：不额外增加时间线上帧的数量，利用 prevFrame 方法将播放头逆向播放，实现逆向的过场动画效果。这里要注意 prevFrame 的特性，即只是向前播放 1 帧。如果要实现连续播放，要和 onEnterFrame 方法配合。

将 action 图层第 10 帧的代码改为：

```
stop();
btn_back.onRelease = function(){
 _root.onEnterFrame = function() {
    if (_currentframe == 1)
```

```
        {delete _root.onEnterFrame}
        else{
        prevFrame();
        }
    }
}
```

onEnterFrame 一旦被触发，将会时时刻刻运行，这样 prevFrame 方法就会依次递减帧数，向左播放。如果播放头已经播放到了第 1 帧，则需要使用 delete 方法将其终止，不然在首页点击按钮的时候将不会顺利的播放，因为 prevFrame 方法和时间线固有的播放方向是冲突的。判断何时终止 onEnterFrame 方法的标志就是是否播放到了第 1 帧，因此可以利用一个 if 语句进行判断。_currentframe 是一个 ActionScript 固有的变量，表示当前播放头所在的帧数。

需要注意的是，虽然按钮触发了 onEnterFrame 方法，但这个方法不是针对按钮的，而是针对主场景时间线的，因此在代码中要用 _root 进行路径定位，即：

delete _root.onEnterFrame

以上对过场动画进行了初步的探讨。本例中的两个子 SWF 文件是简单的图文版式，但因它们都具备自身的图层和时间线结构，因此是可以容纳更为丰富的内容与效果的。

下面对 loadMovie 和 unloadMovie 两个函数进一步解释。

loadMovie 函数可以使影片剪辑实例分别调用不同的 SWF 文件，而 unloadMovie 则反向的删除用 loadMovie 函数加载的 SWF 文件。加载影片功能可以实现多人协同设计制作，或者方便的使用现有已经编译好的 swf 文件。

loadMovie 函数的完整用法为：

loadMovie(" 加载影片路径” ,level 或者目标影片剪辑的路径 [, 变量])

其中，变量为可选参数，指定发送变量所使用的 HTTP 方法，如字符串 GET 或 POST。如没有要发送的变量，则省略此参数。GET 方法用来将变量追加到 URL 末尾，POST 方法则将变量放在单独的 HTTP 标头中发送。

加载到影片剪辑目标的 SWF 文件会继承该目标元件的位置、旋转和缩放属性等。注意，加载 SWF 文件的左上角与目标元件的注册点或舞台的左上角对齐。

常用的 loadMovie 函数的用法有：

```
loadMovie("S01.swf",_root)
loadMovie("P01.jpg",_root)
loadMovie("http://www.myWeb.com/S01.swf",_root)
loadMovie("http://www.myWeb.com/P01.jpg",_root)
loadMovie("S01.swf",_root.loading)
loadMovie("S01.swf",_root.loading.01)
```

如果要将 SWF 文件或 JPEG 文件加载到特定的级别 (_level)，而不是影片剪辑，则使用 loadMovieNum() 函数。

LoadMovieNum 函数的完整用法为：

loadMovieNum(" 加载影片路径 ",level[, 变量])

影片加载默认的级别是 _level0（相当于 _root）。必须要为每个使用 loadMovieNum() 加载到 Flash Player 中的 swf 文件分配一个级别。可以按任意顺序分配级别，但目标级别中如果已经包含 swf 文件，则这个 swf 文件将会被卸载并替换为新的 swf 文件。

常用的 loadMovieNum 函数的用法有：

```
loadMovieNum("S01.swf",1);
loadMovieNum("S01.swf",2);
loadMovieNum("S01.swf",3);
```

以上定义的加载影片就可以按如下方法控制与使用：

```
_level1._x=100;
_level2.mcName._alpha=60;
_level3.mcName.mcName2._width=110;
```

7.3 网站文件的预加载与封装

7.3.1 预加载器设计

Flash 文件的字节数如果过大，在不理想的网速条件下，播放会暂停，等待文件字节下载到本地再进行播放。如果设计不周到，这个过程非常容易让观众放弃等待。为了及时显示文件下载的进程，需要在 Flash 网站或者某个单元模块的开始部分增加预加载器（preloader）的设计。

预加载器的制作包含两个步骤。首先要设计预加载器的样式，无论视觉效果如何，其内在运动形态要么包含着从 0 ~ 100% 的过程，比如从空啤酒杯到满满一杯啤酒变化；要么是不断重复，直到内在的加载完成，比如心跳效果。接下来，要为在图形设计的基础上编写程序，特别是对于需要精确显示进度的视觉效果，更要将图形的运动进度和加载进度统一起来。要明确的是，预加载器的运动进度不是人为设定的运动补间效果，而是完全依靠真实的网络传输情况而定。

图 7.32 为预加载器视觉样式举例（转自网络实例）。

图 7.32

< 实例练习：预加载器基础设计 >

下面介绍一种利用场景转换来实现预加载过程的方法。

由于预加载器是和网站主内容分离的独立部分，因此可以使用本章已经完成的某实例作为主内容，在此基础上进一步设计预加载器。在 Flash 软件中，预加载器和主内容分属于不同的场景。点击菜单“窗口 > 其他面板 > 场景【Shift+F2】”，调出场景面板。将网站主内容所在的场景改名为“main”，以便调用。同时增加一个新的场景，命名为“preloader”，将其放置在场景 main 的上部。每个场景都包含着独立的画布和时间轴，并按照场景面板中由上至下的顺序播放。利用这个特性，可以在 preloader 场景中设计并编写程序，可视化的判断整个 Flash 文件加载的进度，当进度达到 100%，自动跳转到 main 场景。

本加载器利用一个颜色条从 0 ~ 100% 宽度的变化来显示加载进度。颜色条的变化依靠一个定长的图形逐渐进入一遮罩区域来实现。

在名为 bar 的图层中创建宽 300px、高 20px 的一个颜色条，转化为影片剪辑元件，命名为 bar，实例名称同样为 bar。X 坐标为 –150，Y 坐标为 90。

在名为 mask 的图层中创建宽 300px、高 70px 的一个颜色块，用来做遮罩图形。X 坐标为 150，Y 坐标为 50。

接下来在 percent 图层上利用“文本工具”创建相关文本，包括静态文本 % 符号以及与程序密切关联的动态文本数值，实例名称为 pct_txt。为了让不同位数的数值与 % 符号等距，可以设置文本右对齐。

在所有图层的最上方建立名为 action 的图层并着手编程。

颜色条 bar 的运动离不开坐标数值的定位和计算。为此，在程序中首先定义两个变量 xStart 和 xChange，分别代表 bar 元件的初始横坐标（–150）和横向运动的长度。横向运动的举例也就是遮罩图形的宽度（300）。

ActionScript2.0 中，定义变量的语句为：

var 变量名称；

默认情况下可以不使用 var 语法，但从这一个实例开始我们在编程中要尽量向标准化靠拢。

在这个实例中，定义颜色条运行长度和初始位移变量的语句分别为：

var xChange = 300；

var xStart = –150；

注意，这两个变量本身都具备正负性质。当运动实例向左或向下运动时，xChange 作为位移方向为正，也就是正数，反之为负数；xStart 的正负由运动元件的横纵坐标决定。

为了不断的判断 Flash 文件加载的进度，需要 setInterval 函数的帮忙。setInterval 函数的基本结构为：

setInterval（函数名，间隔时间）；

在这个实例中，语句为：

setInterval（preload，100）；

间隔时间的单位为 ms，因此这个语句意味着每个 100ms（也就是 0.1s）就执行一次 preload 函数。可以说，setInterval 函数是此程序的内在原动力。

Preload 函数主要根据每次检查的已下载量比例来调整 bar 元件的位置以及动态文本的数值。这几部分内容的内在联系就是“已下载字节数 / 总字节数”这个比例。虽然各个部分表现各不相同，但都需要根据这个比例来变化。为此，需要确定这个比例的数值，设定的变量分别为：

```
var current = _root.getBytesLoaded();
var total = _root.getBytesTotal();
var pctLoaded = Math.round(current/total*100);
```

Current 和 total 这两个变量就装载了已经下载的字节数和总字节数，其对象为 _root，即文件的所有内容；二者的比例放置在 pctLoaded 的变量中。注意，为了得到画布上 % 符号左侧的整数数值，需要将原本介于 0 和 1 之间的比例乘以 100，以便获得 0 ~ 100 的数值。Math 对象的 round 方法则将这个比例取整。

有了这个比例，可以利用“当前坐标 = 初始位置 + 整体位移 * 比例”这个位移公式来确定 bar 元件的当前横坐标，即：

```
bar._x = xStart + xChange/100*pctLoaded;
```

动态文本也依靠自身的 text 属性导入这个比例数值并显示出来，代码为：

```
pct_txt.text = pctLoaded;
```

当下载比例达到 100% 的时候，就会跳转到 main 场景的第 1 帧。利用条件语句来实现这一点。这里的判断条件为“current >= total”。“>= 符号”可以让下载完毕的判断更为安全，因为只要不是“小于”的关系，所有的字节数就已经下载到本地了。语句为：

```
if (current >= total){
    gotoAndStop("main",1);
    clearInterval(myInterval);
    }
  }
```

最后要注意的是，要使用 clearInterval 将 setInterval 终结，不然即便在访问 main 场景，Flash 动画仍然在不断的尝试这个间隔函数，会造成不必要的麻烦。

完整的代码如下：

```
stop();
var xChange = 350;
var xStart = -200;
myInterval = setInterval(preload,100);
function preload(){
 var current = _root.getBytesLoaded();
 var total = _root.getBytesTotal();
 var pctLoaded = Math.round(current / total * 100);
 bar._x = xStart + xChange * current / total;
 pct_txt.text = pctLoaded;
 if (current >= total){
    gotoAndStop("main",1);
    clearInterval(myInterval);
    }
  }
```

预览影片几乎不会察觉到这个 preloader 就进入了主场景 main，这是因为传播速度太快以至于下载瞬间完成。可以利用 Flash 软件中 SWF 影片播放窗口的“视图 > 下载设置”来设定一个强制的低速度（比如 56K），然后利用“视图 > 模拟下载”菜单命令来浏览效果。

图 7.33 为 preloader 场景的图层结构和预览状态。

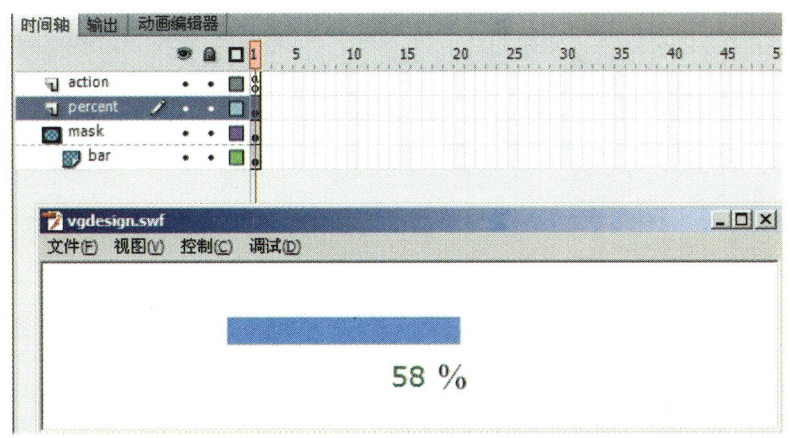

图 7.33

本例中涉及的 setInterval 函数与先前提到的 onEnterFrame 函数都属于频繁运动事件函数。

onEnterFrame 函数的时间间隔为帧频的反比。即，如果帧频为 12，那么时间间隔为 1/12s。解除此函数的语法为：

delete 对象 .onEnterFrame;

setInterval 函数的时间间隔由其参数自行制定，单位为毫秒。比如，setInterval（func01,100）的事件间隔为 100ms，即 0.1s。解除此函数的语法为：

clearInterval(funcName);

频繁运动事件函数为程序提供了实时捕捉变化的可能，由于间隔事件可以小到肉眼无法分辨，因此浏览者是感受不到延迟现象的。

本例代码还涉及到了 Math 对象。和前面学到的 Sound 对象相似，Math 对象也有着自身独有的属性和方法，用来支持程序可能用到的数学运算。

常用的 Math 方法列举如下：

（1）Math.abs。

Math.abs 用来计算一个数的绝对值，即去掉正负符号后的值。用法举例：

myNumber=Math.abs(-25);

（2）Math.round。

Math.round 方法将一个浮点数四舍五入为最接近的整数，也就是取整。用法举例：

Math.round(9.4);

（3）Math.ceil、Math.floor。

两个方法都针对一个浮点数，Math.ceil 方法取比此数大且最接近的整数，Math.floor 方法取比此数小且最接近的整数，通过 ceil（天花板）和 floor（地板）两个英文单词，可以轻松记忆两个方法的取值方向。

（4）Math.min、Math.max。

两个方法都针对两个数来选择，Math.min 方法取较小的数，Math.max 方法取较大的数。用法举例：

```
Math.min(13, 14);
Math.max(13, 14);
```

（5）Math.pow。

Math.pow 方法用来计算一个数的乘方，它包含两个参数，第 1 个参数是底数（要乘方的数），第 2 个参数是幂（乘方数）。用法举例（2 的 8 次方）：

```
Math.pow(2, 8);
```

改变幂的形态，可以将其转化为开方运算方法，比如计算 64 的开三次方，幂位置的参数，即开方数表示为 1/3：

```
Math.pow(64, 1/3);
```

（6）Math.sqrt。

Math.sqrt 专门计算一个数的平方根，也就是开 2 次方。

常用的与 Math 对象相关的常数有：

（7）Math.PI：圆周率（大约为 3.141593）。

（8）Math.SQRT2：2 的平方根（大约为 1.414214）。

（9）Math.E：欧拉（Euler）常数，自然对数的底（大约为 2.718282）。

（10）Math.LN2：2 的自然对数（大约为 0.693147）。

（11）Math.LOG2E：e 的以 2 为底的对数（大约为 1.442695）。

三角函数也可以用 Math 对象来表示，如：

- Math.sin：正弦。
- Math.cos：余弦。
- Math.tan：正切。
- Math.atan：反正切。

< 实例练习：预加载器其他效果设计 >

预加载器基础设计重点在于揭示图形运动和下载比例的内在关系。掌握了这种内在关系，可以进一步实现很多丰富的效果。下面以餐饮类网站可能会用到的“倒啤酒”效果来进一步讲解。

首先新建 fla 文件，宽 300px，高 250px。

在默认图层设计啤酒杯轮廓，将图层命名为 cup。为了实现更多效果，可以将初步设计好的啤酒杯轮廓转化为元件，命名为 cup。接下来，可以在 cup 元件内部添加光感效果，体现不同的设计风格。

新建图层，命名为 inside，设计大小合适的啤酒杯空腔轮廓。这个轮廓将会起到遮罩的作用，啤酒注满的过程将会被限制在这个遮罩内。

在 inside 图层的下方新建 beer 图层，设计啤酒本身。因为有了遮罩的存在，可以将啤酒图形设计得大些，宽度和高度都要大过遮罩的尺寸。为了循序渐进的设计，在初期可以先设计一个啤酒色的方形色块，色块的上升就会实现简单的啤酒注入效果。将色块转化为影片剪辑元件，与实例一并命名为 beer。为了方便记录坐标位置，首先将其放置在运动的终点，即最终注满的位置，并记录坐标（X50；Y35）；然后将其放置在起点，也就是没有进入遮罩的位置，并记录坐标（X50，Y200）。由啤酒注入过程决定了这个 preloader 需要针对啤酒实例的 Y 坐标进行编程。

在最上方新建图层 action，以编写代码。

在场景面板中，将这个场景命名为 preloader，并在其下方建立 main 场景，需保证有一定的内容来模拟主场景网站的加载字节数。

回到 preloader 场景，在 action 图层的第 1 帧编程如下：

```
stop();
var xChange = -165;
var xStart = 200;
myInterval = setInterval(preload,100);
function preload(){
 var current = _root.getBytesLoaded();
 var total = _root.getBytesTotal();
 beer._y = xStart + xChange * current / total;
 if (current >= total){
     gotoAndStop("main",1);
     clearInterval(myInterval);
     }
   }
```

与前面讲到的例子相比，要特别注意 xChange 的负数赋值和 beer 实例的 _y 属性；同时在预览时要实现 inside 对于 beer 图层的遮罩功能。

图 7.34 为“倒啤酒”preloader 的图层结构、画布内容和预览效果。

图 7.34

为了实现更为逼真的效果，可以针对 beer 元件进行进一步的设计。比如，为 beer 图形的顶端设定波浪边缘，然后在元件内部实现 beer 图形水平移动的运动补间效果，啤酒上升的过程就会显得更动感一些。同时，还可以添加啤酒泡沫的效果，包括顶端的泡沫和不断从杯底升起的气泡。

总之，程序为 preloader 提供了运动的内部机制，可以将生活中的各种现象总结提炼为带有运动范畴和轨迹的模型，并将其与程序各个变量和属性联系起来。做到这一点，就可以实现更多的动画效果，保证 preloader 设计和网站整体风格的统一。

7.3.2　Flash 文件的封装

经过了预加载器部分的学习，结合讲到的 Flash 网站各模块内容，就可以根据设计要求进行 Flash 网站的整体设计。最后，通过对网站的测试，确保各功能达到预期目的，就可以着手 Flash 网站的封装了。

一般来说，Flash 网站的最终文件格式为 SWF，还是需要放置在 html 静态网页中以上传至服务器，有时还需要 Dreamweaver 等静态网页设计软件的帮忙。关于网站上

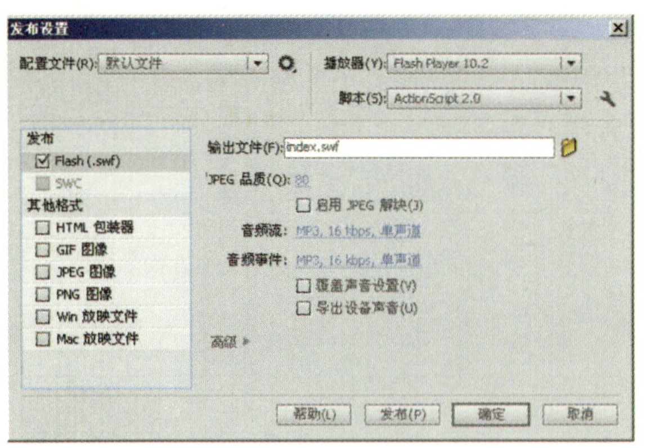

图 7.35

传方面的内容参照前面相关章节。

图 7.35 为发布设置对话框。

当文件制作完毕时，点击菜单“文件 > 发布设置【Ctrl+Shift+F12】”，在弹出对话框的左侧栏选择 Flash（或者包括同时 HTML 等项目）选项，并在右侧设置好输出文件目录以及图像、音频质量等内容。注意，如果同时选择了 HTML 文件，要为其单独选择输出文件夹和文件名。点击确定。

点击菜单命令“文件 > 发布预览【F12】”，默认选择 HTML 格式进行预览，这与 Dreamweaver 软件的“在浏览器中预览”命令相似，快捷键也相同。

点击菜单命令“文件 > 发布【Alt+Shift+F12】”，在相应的文件夹中就可以找到 SWF 和 HTML 文件。点击 HTML 文件，可能会被浏览器提及“允许被阻止内容的”的选项，选择允许后就可以在 HTML 文件中浏览到 Flash 格式的网页内容了。

当然，除了 Flash 软件自动生成 HTML 文件，也可以利用 Dreamweaver 软件手工添加 SWF 文件。在 Dreamweaver 软件中，首先建立名为 index.html 的静态网页，然后在同目录中将要调入的 swf 组织好。最后使用菜单命令“插入 > 媒体 >Flash【Ctrl+Alt+F】”，选择 SWF 文件，存储并预览【F12】，可以查看到基本相同的网页文件。

第3部分

Network Media Design 网络媒体设计周边

除了前面章节提及的静态网页设计、Flash架构网页设计等基本内容之外，从设计与开发的角度，与网络媒体设计相关联的设计方法与开发技术还有很多。本章针对这部分相对“设计”而言的周边技术进行探讨。

应该说，网络媒体设计是新兴的并且不断更新的技术门类，学习它要抱有一种不断追求设计与技术前沿的态度。了解网络媒体设计的发展趋势，才有可能在将来的设计实践中把握稍纵即逝的机会。

8 更多网络媒体设计与开发技术简述

8.1 手机网络媒体开发

8.1.1 Wap 网页设计与开发

如今，面向手机等移动设备的网络媒体开发也已经日趋成熟。

联想集团董事长兼 CEO 杨元庆如此评价手机的整合通讯和推送定制应用："加上键盘和第二块电池的设计，使得这个产品真正的不是一个手机了，它是一个小型的电脑。"也就是说，当探讨移动网络媒体开发的时候，在普通意义互联网平台得出的结论大部分都会使用，因为从页面设计的角度计算机与手机已经没有明显的区分。

如今移动通信进入到了 3G 时代，为了视频通信、影音娱乐等互联应用的需要，移动媒体开发的重要性愈加明显，"拇指生活"也越来越无法摆脱在线环境了。

移动互联的发展离不开移动开发技术的丰富，如今，Android、J2ME、Symbian、Windows Mobile、BREW 是主流的移动开发技术平台，其中 Android、J2ME 等平台凭借其开放的特性成为了移动开发领域的主流。

在手机上浏览的大部分网页包含了文字和图片等内容，具有和 HTML 网页类似的表现形态，称之为 Wap 页。虽然现在的手机屏幕日益宽阔，浏览正常的 HTML 网页也不存在太大的问题，但 Wap 网页仍然不可忽视。

设计 Wap 网页之前需要确定好 Wap 站的版本，有 Wap1.2 和 Wap2.0 两种，Wap1.2 采用 WML 语言，2.0 采用 Xhtml MP 语言。Xhtml MP，即 Xhtml Mobile Profile，是 WML 的改进版本，可以引用外部 CSS 进行页面的样式控制，达到和普通网页浏览器相近的浏览效果。选择新一代的 Wap 站版本可以让设计变得更为简洁、合理，但又不利于对老版本的兼容，要视设计的实际情况进行选择。

下面以 WML 语言为例简单介绍一下。

在 Dreamweaver8.0 版本中，可以在新建文档对话框的"其他"条目中找到 WML 选项。WML，即 Wireless Markup Language（无线标记语言），它是一种从 HTML 继承而来的标记语言，由于基于 XML，比 HTML 更为严格一些。

使用 WML 语言，就要突破以往对 HTML 学习的认知。下面是典型的一段 WML 代码：

```
<?xml version="1.0"?>
<!DOCTYPE wml PUBLIC "-//WAPFORUM//DTD WML 1.1//EN" "http://www.wapforum.org/DTD/wml_1.1.xml">
<wml>
    <head>
        <access/>
        <meta..../>
```

```
        </head>
        <card>
            这里显示内容…
        </card>
    <wml>
```

这里面要注意三种结构形式。整个代码称为一个 DECK，每个 DECK 中又有一个或几个 CARD 负责内容的显示，而每个 CARD 的显示可能不止于手机的一屏。对于 CARD，可以联系之前学习的 TD 等容器类型进行理解，有如下可选属性设置：

```
<card id="name" title="label" newcontext="false" ordered="true" onenterforward="url" onenterbackward="url" ontimer="url">
```

WML 中的表格使用与 HTML 也很相近：

```
<card>
<table title="mytable" align="right" columns="2">
<tr>
<td> 苹果 </td>
<td> 萝卜 </td>
</tr>
<tr>
<td> 茄子 </td>
<td> 西红柿 </td>
</tr>
</table>
</card>
```

图片显示代码也很熟悉：

```
<card>
<p align="center"><img alt=" 图 片 介 绍 " src="/images/sample.bmp" localsrc="url/smileyface"/></p>
</card>
```

此外，还有链接（锚）、表单、键盘相应事件（do）、定时控制（timer）等常见的设计元素。

其他常见的 WML 编辑器还有 WAPtor、WAPPage、Ericsson Wap IDE SDK、Nokia WAP Toolkit 等。

应该说，在掌握了静态网页，特别是 HTML 基本语法之后，进一步了解与其相关的其他设计形式不是一件难事，要做到举一反三，触类旁通。

8.1.2 Flash Mobile

在视在视频与动态内容开发方面，Adobe 公司推出的 Flash Mobile 不容小觑。Flash Mobile 基于 Flash 平台，面向各类手机类型进行定制开发。同时，Adobe 公司还推出了与之配套的运行环境 Flash Lite，对移动与互联网设备的 Flash 实时运行（runtime）进行了优化，可以针对不同的用户需求进行定制，以便获得完美的 Web 体验。随着版本的更新，Flash Lite 对互联网电视的支持也越来越强大。

以 Flash CS3 版本为例，选择菜单命令“文件 > 新建”，在新建对话框中选择 Flash File（Mobile），就会弹出“Adobe Device Central”对话框。这个对话框根据用户的技术指标选择的不同可以罗列出各类常用的手机机型，以进行针对性的开发。

图 8.1 为在 Adobe Device Central 对话框中选择手机类型。

图 8.2 为 Adobe Device Central 模拟器中的设计文件预览。

在 Flash Lite2.0 的限制下，选择 Nokia 6300 机型，点击“设备配置文件”选项卡，可以查看更多信息。

选择后，Flash 的开发环境中就自动生成了与手机屏幕等大的设计文件。在这个开发空间中，可以利用通用的 Flash 设计方法，结合 XML 等各类技术进行新闻组设计、游戏开发、视频音频开发等，需要特别考虑的是手机按键和 Flash 内容的相应。

预览文件就会回到 Adobe Device Central 的模拟器环境中，模拟器提供了手机按键的实时控制，非常方便。

2011 年 11 月，Adobe 公司面向 Android 平台发布 Photoshop Touch 等数款应用，可见其对 Android 平台的热衷。针对于 Flash 软件，在 CS5.5 版本的新建对话框中也可以看到“AIR for Android”选项。

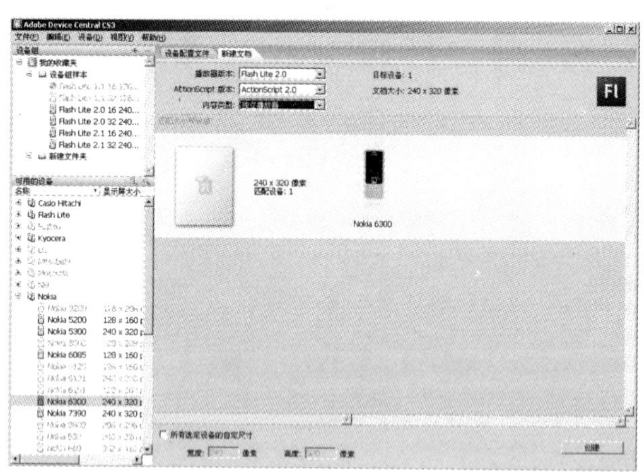

图 8.1

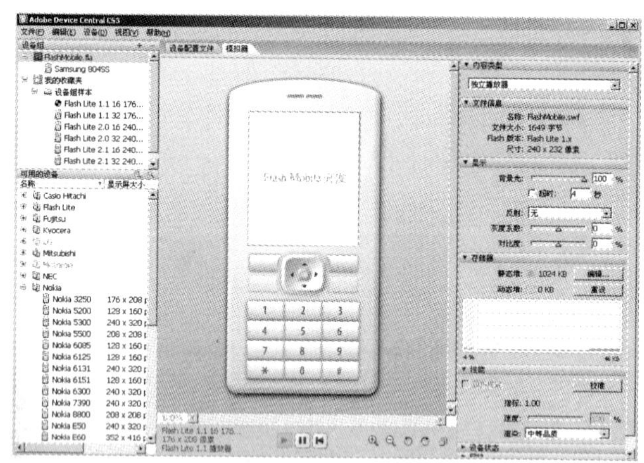

图 8.2

图 8.3 为 Adobe Flash CS5.5 新建文档对话框中的“AIR for Android 选项”。

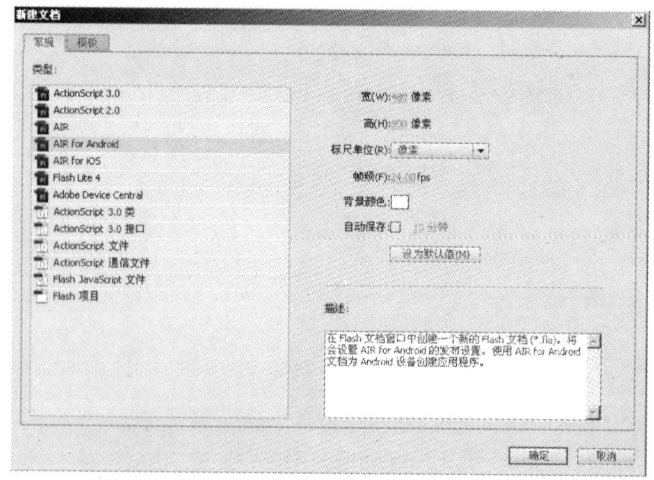

图 8.3

8.2 其他网络媒体开发技术

8.2.1 ActionScript3.0 与 XML

1. ActionScript3.0 简介

对于网站设计人员来说，选择 ActionScript2.0 入门相对快捷。但对于开发人员，ActionScript3 是不能回避的选择。ActionScript3 功能更强大，速度也更出色，即便对于平面设计人员，也是接触正式编程语言的好契机。本书仅从基础的角度讲述 ActionScript3.0 的内容，希望对此有兴趣的学习者可以以此为开端，利用更多的资料与机会继续学习。

图 8.4 为 Flash CS5.5 中的 ActionScript3 脚本编写动作窗口。

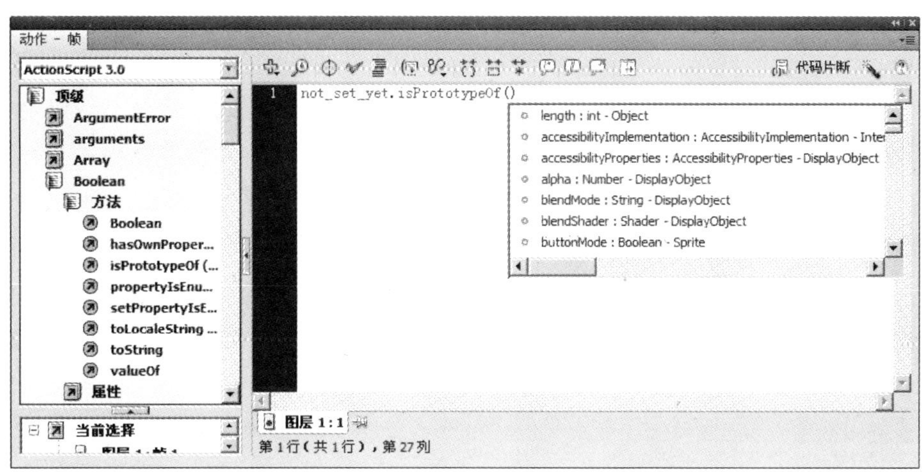

图 8.4

ActionScript2 将面向对象功能标准化，代码可以放在时间轴、按钮和影片剪辑上，也可以放在外部 ActionScript 文件内。ActionScript3 使用类来实现任何功能（也可以理解为完全面向对象），所有代码都要放在工程类的方法之中。虽然对于一些不太复杂的项目，ActionScript3 的代码看上去会比先前版本长很多，但整体来看，ActionScript3 将具备更快的反应速度，特别是对较为复杂的项目，这一切都是值得的。

在 Roger Braunstein、Mims H.Wright 和 Joshua J.Noble 编写的《ActionScript3.0 Bible》一书中这样介绍 ActionScript3：“ActionScript3 是一款全新且与众不同的产品，……ActionScript 3.0 的全新之处在于它是根据新版本的 ECMA 规范完全重新构建的，并且在新的虚拟机（AVM2）中运行。” 这里提到的虚拟机是 Flash Player 的用于处理 ActionScript 的类似于 JVM（Java virtual machine）的“程序”，有两个版本，分别是针对 ActionScript2 以上的 AVM1 和针对 ActionScript3 的 AVM2。

对于 ActionScript3 的新特性，书中总结道：“……在 ActionScript 3.0 中有很多新的显示类型。除了影片剪辑、按钮和文本字段等熟悉的类型之外，还会发现各种新的显示类型，如形状、单个影像、加载程序、位图等。ActionScript 3.0 中的所有现实类型都继承自 Flash.display.DisplayObject 对象，因此我们可以使用多态。……在 ActionScript 3.0 中，可通过在 new 语句中调用构造函数来创建文本字段，并且该文本字段的存在将独立与任何父容器对象。……ActionScript3.0 提供了很多新的运行时错误，允许用户更快的诊断问题。……”

总的来说，ActionScript3 的优势体现在以下几个方面。

（1）市场需求大：选择一门语言，也就相当于选择一个工作的方向。主流的 Flash 开发离不开 ActionScript3。

（2）运行速度更快：好的创意需要优秀的程序支持。有这样的说法，ActionScript3 比旧版本性能提升了 10 倍。

（3）API 丰富：ActionScript3 包括数量众多的 API 接口函数，并且通过包和命名空间的重组，查找方便。API（Application Programming Interface，应用程序编程接口）是指预先定义的函数，目的是提供程序开发人员基于某软件或硬件访问例程的能力，而又无需访问源码。这种封装起来的程序模块访问方便，不必理会内部细节，可大大提高效率。

（4）显示列表简明清晰：ActionScript3 新的显示列表方法很好的解决了影片可视对象的渲染问题。

（5）面向对象结构的改进：有了面向类型检测、封装类、包、命名空间以及事件模型的全新改版，ActionScript3 可与 Java 和 C# 等语言媲美。体现在模块化、可读性好，扩展性强等方面。

由于 ActionScript3 的编程特性，使得开发人员除了使用 Flash CS3 以上版本，还可以选择其他开发环境。我们在互联网上见到的 Flash 属性的偏向数据、交互的网页基本都是 Flex 技术（框架）开发的结果，被称为富 Internet 应用程序（Rich Internet Application RIA）。Flex 开发出来的产品在 Flash Player 上运行，用户不必下载新的客户端就可以观看。

Flex 是一种网络应用程序实现技术，不同于静态页面，Adobe 公司对 Flex 技术的定义就是“基于标准编程模型的高效 RIA 开发产品集”。

图 8.5

图 8.5 为 Adobe Flash Builder 4 Plug-in Eclipse 程序启动界面。

Flex 通过以下两种方式实现：MXML 和 ActionScript，而其开发组件主要有 Flex CDK、Flash Builder（原 Flex Builder）等。后者实质上是建构在 Sun Eclipse 平台的插件集，借助 Eclipse 平台的功能实现 Flex 技术的开发。

MXML 语言与 HTML 语言相似，用来构筑用户界面组件（User Interface Components）。除此之外，也可以用 MXML 语言来定义非视觉设计的应用层面，比如对数据的访问或数据库之间的绑定等。MXML 提供了比 HTML 更为丰富的标签（tags），更可以自定义标签。

基于 MXML 的应用程序可以集成在 SWF 文件中并由 Adobe Flash Player 和 Adobe AIR 渲染，这样就可以实现比基于静态页面的 HTML 更为动感 (Dynamic) 的用户界面。

下面是一个典型的 Hello World 程序：

```
<?xml version="1.0"?>
<!-- mxml\HellowWorld.mxml -->
```

```
<mx:Application xmlns:mx="http://www.adobe.com/2006/mxml">
    <mx:Panel title="My Application"
        paddingTop="10"
        paddingBottom="10"
        paddingLeft="10"
        paddingRight="10"
    >
        <mx:Label text="Hello World!" fontWeight="bold" fontSize="24"/>
    </mx:Panel>
</mx:Application>
```

图 8.6 为 Adobe Flash Builder 4 Plug-in Eclipse 开发界面。

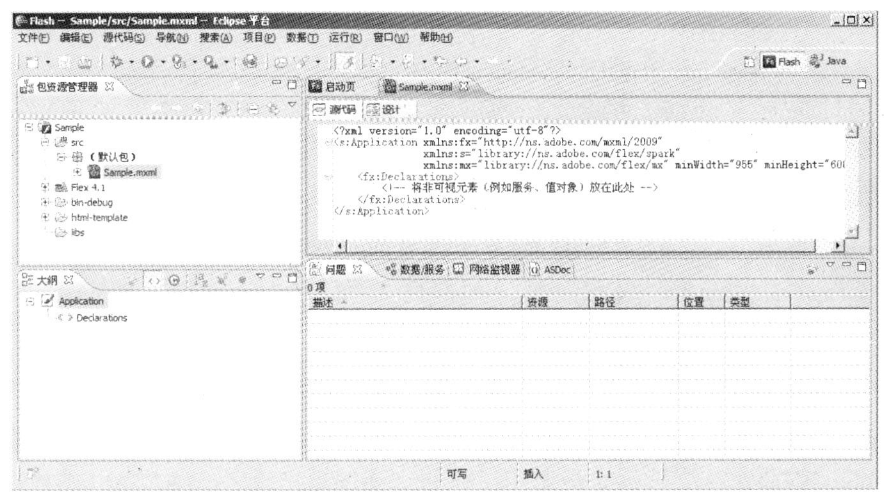

图 8.6

Flash Builder 的基本界面和 Dreamweaver 有相似的地方，也同样分为代码和设计两个部分。有时不必特别的编写代码就可以得到标准效果的组件，比如按钮、下拉框等。如果想要得到特制效果，需要内嵌 ActionScript 来特别控制，这也是 MXML 与 ActionScript 的关联应用之一。内嵌的方法与静态页面相似，可以在代码界面中直接置入，也可以链接外部 ActionScript 文件。

Flash Builder 既可以开发 Flex 项目，包括 MXML 代码和 ActionScript3 程序，其优势包括可以使用 Flex 框架与 UI 资源等；还可以单纯地开发 ActionScript3 项目。总之，MXML 负责视觉与形式层面的东西，而 ActionScript3 则是整个内容体系得以运作的“灵魂”。

2. ActionScript 与 XML

XML（eXtensible Markup Language），可扩展标记语言与 HTML 语言有着一定的联系，可以将其看作是更为灵活的 HTML。HTML 中的标签是固定而无法改变的，比如表格标签，只能写作 <table>。标签类型的固定使得应用起来局限很大。XML 扩展了这种标签类型，比如可以轻松地自定义一套商品标签，包括 <name>、<price>、<sum> 等。既然这些内容是自定义的，那么任何程序使用 XML，只要将自定义的标签体系（数据）识别出来即可。

XML 的基本结构为：

```
<父节点>
    <子节点 属性名="属性值">
        节点内容
    </子节点>
</父节点>
```

可以看出，从标签结构上来看，XML 和 HTML 没有什么不同。

ActionScript3 和 XML 关联紧密。ActionScript3 引入 E4X 机制，可以根据 ECMAscript 标准处理 XML 数据。在 ActionScript3 中，可以将 XML 内容直接写入代码并被自动解析。这种融合体现了 Flash 平台的开放性，设计与开发之路前所未有的通畅。

下面的例子演示了如何在 ActionScript3 中直接引用 XML 数据：

```
var employeelist:XML=<employeelist>
    <employee>
        <name first=David” last="Kinan" />
        <title>Host</title>
    </employee>
    <employee>
        <name first=”  Ros” last="Feknar" />
        <title>SideKick</title>
    </employee>
  </employeelist>;
```

XML 实现所涉及的一些类 ActionScript3 的新特性。每个类都表示不同的数据类型，可以在操作 XML 数据时被调用。前面讲到过预先设定的函数 API 的概念，XML 类处于 ActionScript API 的顶层，可以直接被调用而不需要额外的语句（如 import）。

（1）XML：XML 对象表示一组简单的 XML 数据，如元素、文本节点、注释或处理指令等。所有不同的节点构成了 XML 对象，并有着自身处理数据的特定方法。

（2）XMLList：XML 对象的有序集合，包括一个或多个 XML 对象。XMLList 拥有许多与 XML 类相同的方法，二者的操作可以交替使用。

（3）名称空间（NameSpace）：名称空间是在 XML 的某种约定，可以将功能相似的 XML 元素和属性归入同一集合，这与前面讲到的使用包（package）对类（class）进行分类很相似。名称空间赋予 XML 文件唯一的标识符，有利于维护程序的可读性，避免名称干扰。

（4）QName：Qualified name 的简写，由名字空间（namespace）、前缀（prefix）、冒号（：）以及元素名称构成。QName 是特定格式的 XML 元素，可以起到增加名字空间的作用，因为同名元素的名字空间是不同的。

8.2.2 Client/Server 架构网站开发

互联网经历着从静态 HTML 的集合向应用程序部署平台（An Application Deployment Platform）的发展。网站开始提供动态的内容和交互的功能，同时为广告等门类提供了强大的功能支持。比如，动态的网站会记住使用者定制的颜色、内容模块等信息，而不是简单的静态网页的集合，还可以记住使用者的阅读书签。

当前，网络已经成为网络应用程序的运行平台。随着 XML，web services，J2EE（Java 2 Platform, Enterprise Edition）和 Microsoft .NET 等技术的日益成熟，网络已经成为商业活动的多面手，发挥着日益重要的作用，比如网站的客户服务、订单等功能的实现。

从架构上看，浏览器发出需求指令，诸如 Microsoft Internet Information Server（IIS）、Apache 等网络服务器满足这些需求，向浏览器返回信息，形式可以是 HTML 和 Adobe Flash 等。

另一方面，如果涉及数据库的操作（几乎所有的 C/S 架构网站都离不开数据库操作），那么 PHP 等编程语言会与数据库打交道，同时将数据操作结果返回浏览器。

图 8.7 为浏览器、服务器和编程语言（PHP）的关系。

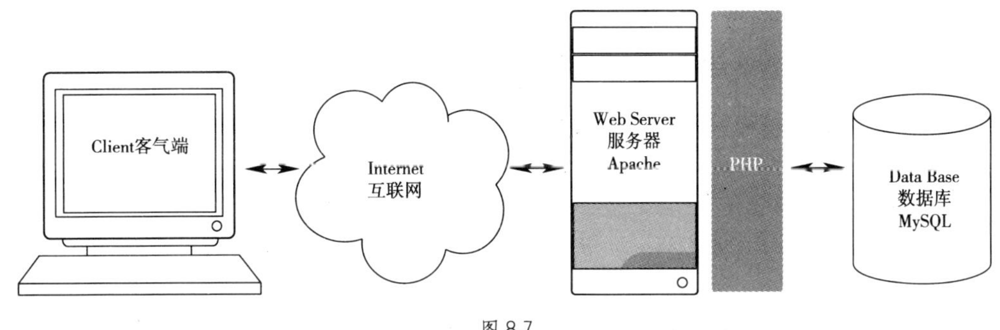

图 8.7

1. Wamps 组件

Wamp 即 Windows/Apache/MySQL/PHP 的缩写，也就是典型 PHP 网站开发环境和开发组件的集成。比如，可以使用 Romain Bourdon 公司集成开发的 Wamps 2.0。将程序安装，默认情况下可以得到系统盘符 \wamp\www\ 作为 http://localhost/ 的物理盘符。Wamp 的相关操作可以利用 Windows 右下角状态栏的 wamp 图标来进行。

2. PHP 语言

PHP，即“PHP：Hypertext Preprocessor”，是一种广泛用于 Open Source（开放源代码）的尤其适合 Web 开发并可以嵌入 HTML 的多用途脚本语言。它的语法接近 C，Java 和 Perl，而且容易学习。该语言的主要目标是让 Web 开发人员快速的书写动态生成的网页，然而，PHP 的功能并不局限于此。

常见的 SNS 网站比如 Facebook、校内网等都是利用 PHP 语言编写的。

PHP 在数据库方面的丰富支持，也是它迅速走红的原因之一，它支持 dBActionScripte、Microsoft SQL Server、MySQL 、SybActionScripte、ODBC、Oracle8 等众多数据库或是资料表。

在 Internet 上 PHP 也支持相当多的通信协议（protocol），包括了与电子邮件相关的 IMAP 与 POP3、网管系统 SNMP；网络新闻 NNTP；帐号共用 NIS；全球信息网 HTTP 及 Apache 服务器等。

除此之外，用 PHP 写出来的 Web 后端 CGI 程序，可以很轻易的移植到不同的系统平台上。例如，先以 Linux 架的网站，在系统负荷过高时，可以快速地将整个系统移到 SUN 工作站上，不用重新编译 CGI 程序。面对快速发展的 Internet，这是长期规划的最好选择。

浏览 www.php.net 可以了解更多 PHP 的知识。在这儿也用 PHP 来写个最基本的

“hello, world”程序。我们可以用 Adobe Dreamweaver 来编写 PHP 程序。

```
<html>
<head>
<title>First program</title>
</head>
<body>
<?php
  echo "hello, world\n";
?>
</body>
</html>
```

可以看到，示例 PHP 内嵌与标准的 HTML 语法之中。这十行程序在 PHP 中不需经过编译等复杂的过程，只要将它放在配置好可执行 PHP 语法的服务器中，将它存成文件 helloworld.php 好了。在用户的浏览器端，只要在 Location：输入 http://localhost/helloworld.php，就可以在浏览器上看到“hello, world”字符串。

要将 Homepage 中放入 PHP，主要有以下三种做法：

```
<?echo（" 这是一个 PHP 语言的嵌入范例 \n"）; ?>
<?php echo（" 这是第二个 PHP 语言的嵌入范例 \n”）; ?>
<script language="php">
  echo（" 这是类似 JavaScript 及 VBScript 语法的 PHP 语言嵌入范例 "）;
</script>
```

其中第一种及第二种是最常用的两个方法；第三种方法对熟悉 Netscape 服务器产品的 Webmaster 人员而言并不陌生，它是类似 JavaScript 的写作方式。

3. MySQL 数据库

应该说，没有数据库的网站是“苍白无力”的。充分的数据和高效率的数据操作是优秀网站的重要标准之一。

数据库的基本组成单位是记录。记录是被视为单个实体的相关数据的集合。例如，一个曲棍球商用卡可以称为一条记录：该卡集中了某名运动员的姓名、照片、运动队和相关的统计信息。用数据库术语表示，上述每一条相关信息都可以称为一个字段：每条曲棍球卡“记录”都具有姓名字段、照片字段、运动队字段以及各种运动员统计信息字段。

MySQL 数据库是 Wamp 开发组件选择的数据库，也是很多知名网站使用的数据库。MySQL 数据库的操作分为命令提示符和图形化操作界面两种形式，二者都应该了解并择一种熟练掌握。

先说说命令提示符形式：

```
<?php
   $link = mysql_connect('localhost', 'root',
     '', false, MYSQL_CLIENT_COMPRESS);
   if ($link === false)
     {
```

```
    echo 'Connection failure!';
    }
  else
    {
    echo 'Connection success!';
    }?>
```

以上代码用来在 PHP 网页中连接 MySQL 数据库，语句是 mysql_connect，这种连接在 PHP 程序关闭后即断开。另一种连接语句是 mysql_pconnect，代表永久的连接。

MySQL 数据是 SQL 数据库的一种。SQL 代表结构化查询语言。PHP 语言和 MySQL 数据库一般整合在一起使用。掌握好数据库的操作，必须熟悉结构化查询语言的语法。

建立数据库的语法为：

CREATE DATABActionScriptE [IF NOT EXISTS] <db_name>

还可以利用可视化操作界面（如 phpMyAdmin）来操作 MySQL 数据库。

8.2.3　CMS

CMS，即 Content Management System（网站内容管理系统）。这个系统实际上代为完成了网站程序框架的搭建，用户只需自行设计模板，然后利用信息输入组件就可以在短时间内完成网站的设计了。CMS 可以让设计者避免与网站程序打交道，只需专注于内容和设计。有些 CMS 系统（如 DEDE）是开源的，使用者可更方便地定制。

CMS 的搭建有两种方式，一种在服务器环境中完成，另一种在本地完成。后者一般附带自动上传功能，将生成的网页自动更新到服务器。

CMS 也有平台脚本种类之分，比如 PHP、ASP 等。

总的来说，网络媒体设计是新兴的并且不断更新的设计门类，学习它要抱有一种不断追求新知与创新的态度。努力把握网络媒体设计的发展趋势，才有可能在将来的设计实践中把握机会，在这一领域取得属于自己的一份成就。